Helmut Hartl · Thomas Peer
Manfred A. Fischer

Nationalpark Hohe Tauern

PFLANZEN

Bibliografische Information Der Deutschen Nationalbibliothek
Die Deutsche Nationalbibliothek verzeichnet diese Publikation in der Deutschen Nationalbibliografie; detaillierte bibliografische Daten sind im Internet über http://dnb.d-nb.de abrufbar.

Herausgeber:
Sekretariat des Nationalparkrates Hohe Tauern, Kirchplatz 2, 9971 Matrei i. O., www.hohetauern.at

Umschlagfoto: Zweiblüten-Steinbrech *(Saxifraga biflora)*, Foto: Peer.

6., überarbeitete und erweiterte Auflage 2014

Vertrieb im Buchhandel:
Tyrolia-Verlag, Innsbruck–Wien
ISBN 978-3-7022-3422-5
E-Mail: buchverlag@tyrolia.at
Internet: www.tyrolia-verlag.at

Gesamtherstellung: Athesia-Tyrolia Druck, Innsbruck

Helmut Hartl · Thomas Peer
Manfred A. Fischer

Nationalpark Hohe Tauern

Pflanzen

Inhaltsverzeichnis

Botanisch lohnenswerte Wanderungen – eine Auswahl

Anhang

Der Nationalpark Hohe Tauern

Nationalparks sind eine ganz besondere Form des Naturschutzes. Nur in solch großflächigen Schutzgebieten ist es möglich intakte Ökosysteme in ihrer Zusammensetzung und Funktion zu erhalten und auch den Fortbestand wichtiger natürlicher ökologischer Prozesse zugrunde zu legen. All dies ist auch wesentlich, um das Überleben zahlreicher Tier- und Pflanzenarten zu garantieren. Großräumige Nationalparks haben somit als ökologische Weichenstellungen für die Zukunft eine unschätzbare Bedeutung. Dies gilt besonders für den Nationalpark Hohe Tauern, in dem eine der großartigsten Landschaften Europas und ein überaus wertvoller Lebensraum für Pflanzen- und Tierarten des Hochgebirges unter Schutz gestellt wurden.

Im November 1981 erklärte die Kärntner Landesregierung als erstes Bundesland ein Gebiet im Bereich der Glockner- und Schobergruppe zum Nationalpark. 1983 folgte ein eigenes Kärntner Nationalparkgesetz. 1986 kamen Gebiete im Bereich der Ankogelgruppe, Hochalmspitze und im Mallnitzer Tauerngebiet dazu. 2005 wurde auch das Kaponigtal mit einer kleinen Außenzone (Reißeckgruppe) in der Gemeinde Obervellach als Nationalparkgebiet ausgewiesen. 1984 trat das Salzburger Nationalparkgesetz in Kraft, das große Teile der Salzburger Hohen Tauern zum Nationalparkgebiet erklärte. 1991 wurde der Salzburger Anteil mit Gebieten des hinteren Gasteiner, Großarl- und Muhrtales erweitert. Am 9. Oktober 1991 beschloss schließlich auch der Tiroler Landtag ein eigenes Nationalparkgesetz, das mit einer Verordnung am 1. Jänner 1992 in Kraft trat. So konnten weitere 610 km² Schutzgebietsfläche in den Nationalpark eingebracht werden.

Nach der Strenge des Schutzes gliedert sich der Nationalpark in eine Kern- und Außenzone sowie in derzeit fünf Sonderschutzgebiete.

In diesen Sonderschutzgebieten ist jeder Eingriff in die Natur und Landschaft untersagt. Die Natur bleibt sich selbst überlassen und kann sich eigenständig weiterentwickeln. Der Untersuchung des Ablaufes von natürlichen Prozessen widmen sich zahlreiche Forschungsprojekte. Die Kernzone umfasst vor allem die Urlandschaft der alpinen Hochlagen und die Gletscherregionen. Sie bildet den Schwerpunkt im Nationalpark. Große zusammenhängende Flächen sind streng geschützt. In ihnen ist nur eine sehr eingeschränkte sanfte Nutzung möglich.

Die Außenzone bildet als geschützte Kulturlandschaft die Pflege- und Gestaltungszone des Nationalparks. Eine traditionelle Landschaftspflege (vor allem Almwirtschaft) gewährleistet z. B. die Erhaltung alter Haustierrassen (Pinzgauer-Rinder, Noriker-Pferde, Pinzgauer-Ziegen) und bietet gleichzeitig die Voraussetzung für einen vielfältigen Erholungs- und Bildungsraum.

Nationalparkflächen (Stand 2012)

	Kernzone (km²)	Außenzone (km²)	Gesamt
Salzburg	538	267	805
Kärnten	327	113	440
Tirol	347	264	611
	1.212	644	1.856

Mit einer Gesamtfläche von über 1.856 km² ist der Nationalpark Hohe Tauern der größte Nationalpark Mitteleuropas und des gesamten Alpenraumes.

Allgemeine Information

Sekretariat des Nationalparkrates Hohe Tauern
A-9971 Matrei, Kirchplatz 2
Tel. +43 (0)4875/5112
Fax +43 (0)4875/5112-20
E-Mail: nationalparkrat@hohetauern.at

Spezielle Information

Nationalparkverwaltung Kärnten
A-9843 Großkirchheim, Döllach 14
Tel. +43 (0)4825/6161
Fax +43 (0)4825/6161-16
E-Mail: nationalpark@ktn.gv.at

Nationalparkverwaltung Salzburg
A-5730 Mittersill, Gerlos Straße 18
Salzburg, Österreich
Tel.: +43 (0) 6562 40849-0
Fax: +43 (0) 6562 40849-40
E-Mail: nationalpark@salzburg.gv.at

Nationalparkverwaltung Tirol
A-9971 Matrei, Kirchplatz 2
Tel. +43 (0)4875/5161
Fax +43 (0)4875/5161-20
E-Mail: npht@tirol.gv.at

Der Nationalpark Hohe Tauern im Internet:

www.hohetauern.at

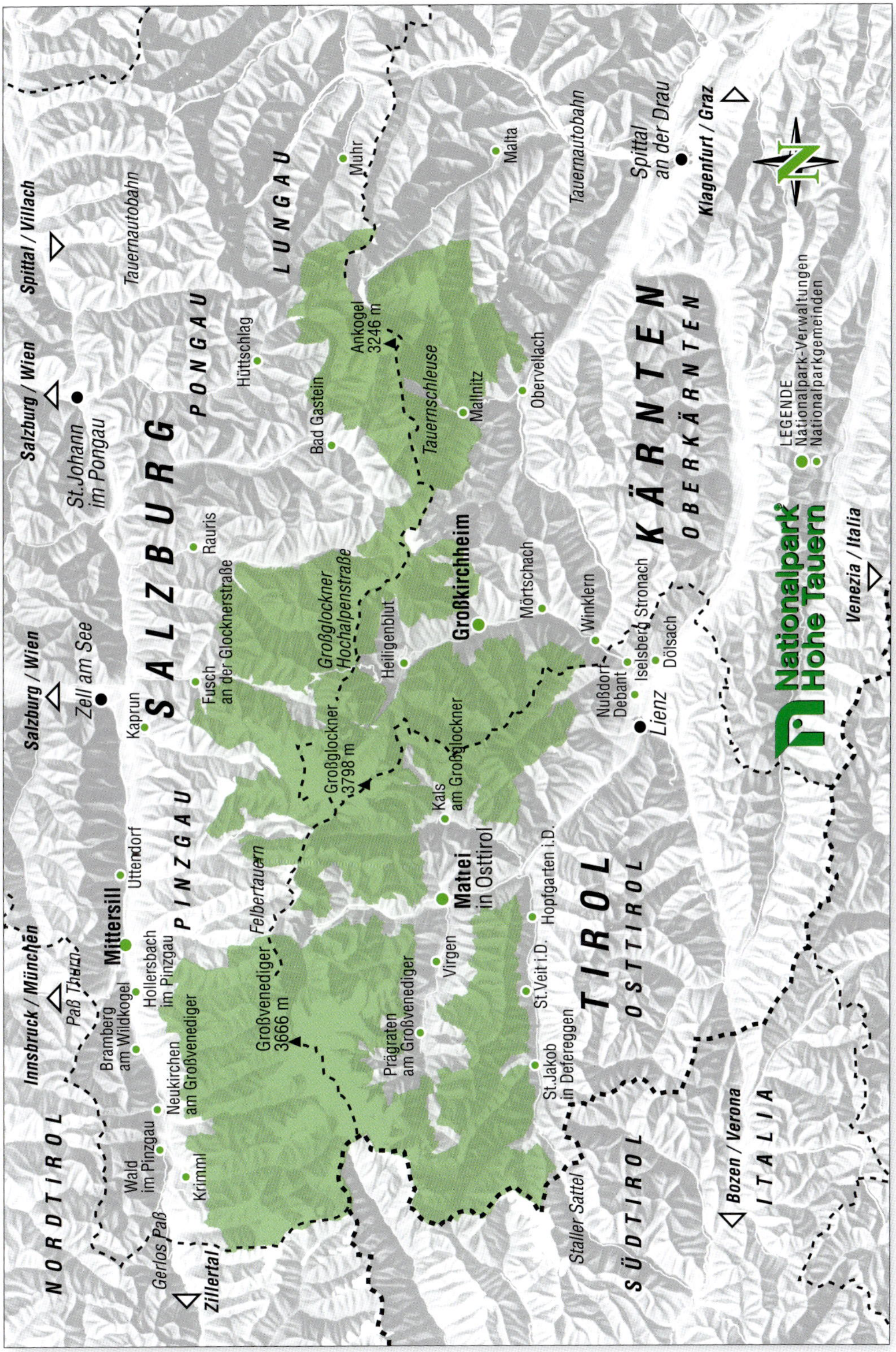
NORDTIROL
Innsbruck / München
Salzburg / Wien
Salzburg / Wien
Spittal / Villach
Paß Thurn
Gerlos Paß
Zillertal
Wald im Pinzgau
Krimml
Neukirchen am Großvenediger
Bramberg am Wildkogel
Hollersbach im Pinzgau
Mittersill
Uttendorf
Kaprun
Zell am See
St. Johann im Pongau
Tauernautobahn
PINZGAU
SALZBURG
PONGAU
LUNGAU
Fusch an der Glocknerstraße
Rauris
Hüttschlag
Muhr
Bad Gastein
Ankogel 3246 m
Felbertauern
Großvenediger 3666 m
Großglockner 3798 m
Großglockner Hochalpenstraße
Heiligenblut
Großkirchheim
Tauernschleuse
Mallnitz
Malta
Obervellach
Tauernautobahn
Spittal an der Drau
Klagenfurt / Graz
Prägraten am Großvenediger
Virgen
Matrei in Osttirol
Kals am Großglockner
Mörtschach
Winklern
Iselsberg Stronach
Dölsach
Nußdorf-Debant
Lienz
St. Jakob in Defereggen
St. Veit i.D.
Hopfgarten i.D.
TIROL
OSTTIROL
KÄRNTEN
OBERKÄRNTEN
Staller Sattel
SÜDTIROL
Bozen / Verona
ITALIA
Venezia / Italia
Nationalpark Hohe Tauern
LEGENDE
Nationalpark-Verwaltungen
Nationalparkgemeinden
N

Einleitung

Der den Nationalpark Hohe Tauern besucht, wird nicht nur von der Großartigkeit der Gebirgslandschaft begeistert sein, sondern auch von der Vielfalt der Flora, der er beim Durchwandern der verschiedenen Höhenstufen begegnet. Wie in einem grossen botanischen Garten präsentieren sich dem Besucher die schönsten Alpenblumen. Für den, der mit offenen Augen durch die Landschaft geht, wird der Aufstieg durch ein Hochtal der Hohen Tauern nicht nur eine körperliche, sondern auch eine seelische und geistige Bereicherung sein.

Hinter jeder Pflanze steckt eine wechselvolle Geschichte: Woher kommt sie, wie behauptet sie ihren Platz und welche Überlebensstrategien wendet sie gegenüber Umwelteinflüssen an? Im Laufe der Evolution haben sich an den Pflanzen charakteristische Merkmale ausgebildet, die es ihr erlauben, bestimmte Lebensräume (Biotope) zu besiedeln. So spricht man z. B. von Moorpflanzen, Wiesenpflanzen und Felsspaltenpflanzen. Pflanzen mit ähnlichen ökologischen Ansprüchen finden sich zusammen und bilden Gesellschaften. Die Erforschung derartiger «Pflanzengesellschaften» ist Aufgabe der Pflanzensoziologie, deren kartographische Darstellung die der Vegetationskunde.

In erster Linie sind es das Klima und die Bodenfaktoren, welche die Pflanzenzusammensetzung beeinflussen, aber auch historische Komponenten sind von Bedeutung: Während der Eiszeiten wurde ein Großteil der alteingesessenen Flora vernichtet bzw. auf die eisfreien Randgebiete im Norden und im Süden verdrängt. Nur einige wenige Arten überdauerten an den aus dem Eis herausragenden Bergspitzen. Durch die Isolation entstanden auf diese Weise eigenständige Sippen (Endemiten). Nach dem Rückzug des Eises wanderten Pflanzen aus den verschiedensten Gebieten unterschiedlich rasch zu. Es kam zum Kontakt von nördlichen, südlichen, östlichen und westlichen Geoelementen, deren Arealgrenzen sich heute im Alpengebiet überschneiden.

Allen Pflanzen gemeinsam ist ihre Empfindlichkeit gegenüber Störungen von außen. Da sie nicht wie Tiere ausweichen können, müssen sie mit den jeweiligen Veränderungen fertig werden. Bei anhaltenden Eingriffen in ihre Umwelt erfolgt nach einer Phase des Kümmerns unweigerlich der Tod. Viele Moor-, Bach- und Wiesenpflanzen sind auf diese Weise bereits für immer verloren gegangen. Die Situation wird im Hochgebirge, wo jede Pflanze verzweifelt um ihre Existenz ringt, noch verschärft: Der Verlust eines einzigen Blattes kann dabei schon über Leben oder Tod entscheiden. Jedem Touristen sollte es daher ein Anliegen sein, diese empfindlichen Gebilde nicht zu verletzen und auch deren Lebensraum nicht zu zerstören.

Zum Aufbau des Buches

Es werden die verschiedenen Lebensräume nach ihrem physiognomischen Erscheinungsbild beschrieben: zunächst die Waldgesellschaften, dann die Busch-, Zwergstrauch-, Wiesen- und Weidegesellschaften und zum Schluss die alpinen Rasen- und Pioniergesellschaften.

Die nach der Überschrift der einzelnen Lebensraumkapitel (Vegetationstypen) in Klammern gesetzten wissenschaftlichen Bezeichnungen sind die Namen der dazu gehörenden wichtigeren Pflanzengesellschaften (Assoziationen) in der systematischen Pflanzensoziologie (Syntaxonomie). Diese Assoziationsnamen bestehen aus den Namen einer oder zweier charakteristischer Arten, die mit der Endung -etum versehen sind, so bezeichnet z. B. «Homogyno-Piceetum» die Waldgesellschaft mit den Charakterarten *Homogyne alpina* (Alpen-Brandlattich) und *Picea abies* (Gewöhnliche Fichte). Im Text wird auf diese Assoziationen meist nicht näher eingegangen.

Aus jedem Biotop wurden einige charakteristische Pflanzen ausgewählt und mit einem Foto sowie kurzem Begleittext versehen. Um ein möglichst umfassendes Bild der Artenvielfalt zu vermitteln, wurden sowohl sogenannte «Allerweltspflanzen» als auch aus verschiedenen Gründen interessante Pflanzen aufgenommen. Der Text enthält neben wichtigen Bestimmungsmerkmalen auch Angaben über Standort, Verbreitung, Blütenökologie und eventuelle Nutzung. Auf besonders nahverwandte Arten wird fallweise verwiesen. Das vorliegende Buch versteht sich jedoch nicht als Pflanzenbestimmungsbuch, sondern möchte lediglich einen kleinen Einblick in die bunte Welt der Alpenblumen in den Hohen Tauern geben. Wer sich intensiver mit der Alpenflora beschäftigen will, dem steht eine Fülle einschlägiger Bild- und Bestimmungswerke zur Verfügung. Entscheidend ist die exakte Beobachtung, nicht nur am Objekt selbst (oft sind es winzig kleine Merkmale, die einzelne Arten trennen) sondern auch der umgebenden Natur. Nur so kann das für die Zukunft unserer Alpen notwendige Verständnis erworben werden.

Taxonomie und Nomenklatur und auch die deutschen Namen folgen der 3. Auflage der Exkursionsflora (FISCHER & al. 2008).

Am Schluss des Buches sind einige botanische Wandervorschläge angeführt, welche die beschriebenen Lebensräume und die abgebildeten Pflanzen in ihrer Höhenabfolge wiedergeben. Zusätzlich wurde eine Artenliste aller erwähnten Pflanzen mit deutschen und wissenschaftlichen Bezeichnungen erstellt.

Bemerkungen zur vorliegenden 6. Auflage

27 Jahre sind seit der Erstauflage des Buches im Jahre 1987 vergangen. Die Vegetation der Hohen Tauern hat sich in dieser Zeit, oberflächlich betrachtet, nur wenig verändert. Dennoch haben menschlicher Einfluss, Klimawandel und natürliche Pflanzensukzessionen ihre Spuren hinterlassen. Die Nationalparkfläche hat in allen drei betroffenen Bundesländern zugenommen, neue Forschungsprojekte wurden durchgeführt und haben in einem erweiterten Schrifttum ihren Niederschlag gefunden, neue Lehr- und Wanderwege sind entstanden, insgesamt hat auf Grund einer intensiven Vermarktung die touristische Wertschöpfung zugenommen. Aus wissenschaftlicher Sicht haben vor allem das Erscheinen der «Exkursionsflora von Österreich» 1994 und deren weitere Auflagen zahlreiche taxonomische und (damit auch) nomenklatorische Veränderungen mit sich gebracht; in der Neuauflage sind nun auch die Aktualisierungen der 3. Auflage (2008) berucksichtigt worden. Um dabei keine Fehler zu machen, haben wir den Hauptautor der Exkursionsflora, Herrn Univ.-Prof. i. R. Dr. Manfred A. Fischer (Universität Wien), als Mitautor aufgenommen. Für seine vielen kritischen Anmerkungen und Verbesserungen, auch im Textteil, danken wir ihm herzlich. Dank gebührt auch dem neuen Verlag, der dies mitgetragen hat und speziell dem Nationalparkrat Hohe Tauern, der durch die Bereitstellung der ausgezeichneten Projektleiterin Judit Gratz ebenfalls sehr zum Gelingen dieser Neuauflage beitrug.

Helmut Hartl und Thomas Peer

Grauerlenwald

(Alnetum incanae)

Die Grau-Erle (*Alnus incana*) ist ein Pionierbaum, der an Bachufern und an sickernassen Rutschhängen eine wichtige Sicherungsfunktion erfüllt. Durch ihre leicht verrottbaren Blätter und ihre Fähigkeit, mit Hilfe von Bakterien in den Wurzeln Luftstickstoff zu binden, trägt die Grau-Erle entscheidend zur Verbesserung des Standortes bei. Ausgedehnte Grauerlenbestände kommen in allen Tauerntälern vor, sowohl entlang der Bäche als auch an den Hängen. Über 1400 m wird die Grau-Erle von der strauchförmigen Grün-Erle abgelöst.

Floristisch sind die bachbegleitenden Wälder durch ein Mosaik von unterschiedlichsten Arten gekennzeichnet, welche die verschiedenen Stadien der Anlandung und Verlandung nach Überschwemmungen durch Hochwässer widerspiegeln. Als typische Pflanzen in Bachnähe gelten Huflattich *(Tussilago farfara),* Weiße Pestwurz *(Petasites albus),* Kriechender Hahnenfuß *(Ranunculus repens),* Bergbach-Weidenröschen *(Epilobium fleischeri)* und Land-Reitgras *(Calamagrostis epigejos).* An Versumpfungsstellen gedeihen Sumpf-Dotterblume *(Caltha palustris),* Scharbockskraut *(Ficaria verna),* Kletten-Labkraut *(Galium aparine)* und Bachkresse *(Cardamine amara)*; trockene Schotterbänke bevorzugen: Kleine Glockenblume *(Campanula cochleariifolia),* Gänse-Fingerkraut *(Potentilla anserina)* und verschiedene Thymianarten (z. B. *Thymus praecox, T. polytrichus*). Dazwischen finden sich immer wieder aus höheren Regionen herabgeschwemmte Pflanzen, sogenannte Alpenschwemmlinge.

Fehlt die Grau-Erle, nehmen verschiedene Weiden wie Lavendel-Weide *(Salix eleagnos),* Reif-Weide *(Salix daphnoides)* und Großblatt-Weide *(Salix appendiculata)* ihre Stelle ein. Sie sorgen für eine erste Festigung des meist noch sehr bewegten Bachschotters. In den Hangerlenwäldern überwiegt der Schluchtwaldcharakter. Als Trennarten können Rührmichnichtan *(Impatiens nolitangere),* Kleb-Salbei *(Salvia glutinosa),* Wald-Ziest *(Stachys sylvatica),* Stink-Storchschna-

bel *(Geranium robertianum),* Dorn-Hohlzahn *(Galeopsis tetrahit)* und Berg-Weidenröschen *(Epilobium montanum)* gelten. Sofern die Bodenfestigung und eine Humusanreicherung möglich sind, entwickeln sich die Hangerlenwälder zu anspruchsvolleren Waldtypen (z. B. Eschen-Bergahorn-Wald) weiter. Fehlen die Grau-Erlen, nehmen verschiedene Weiden deren Stelle ein.

Wimitzer Berge / Gurktaler Alpen

▲ Kleb-Salbei
Salvia glutinosa
Lippenblütler (Lamiaceae)

Der Kelch ist mit klebrigen Drüsenhaaren besetzt (Name: lat. glutinosus = klebrig) und deutlich vierkantig. Die großen, gelben Lippenblüten sind quirlig angeordnet und weisen interessante bestäubungsökologische Merkmale auf: So schlägt beim Landen eines Insektes auf die Kronenunterlippe der Staubbeutel auf den Rücken des Insektes und lädt dort seine Pollenkörner ab. Die Pflanze ist an ihren herzspießförmigen Blättern gut erkennbar. Sie blüht von Juli bis August in frischen Bergwäldern bis 1600 m.

▲ Weiß-Pestwurz
Petasites albus
Korbblütler (Asteraceae)

Die Blätter der zur Fruchtzeit fast 1 m hohen Pflanze ähneln denen des Huflattichs (siehe S. 17).
Sie sind auch bei der Weiß-Pestwurz unterseits graufilzig. Bei der sehr ähnlich aussehenden Bach-Pestwurz *(Petasites hybridus)* sind die Blätter viel größer. Der gelblich weiße Blütenstand (bei der Bach-Pestwurz ist er rötlich) erscheint vor den Blättern (März, April). Zur Fruchtzeit ist der Blütenstand verlängert, so dass die mit fedrigen Anhängseln (Pappus) versehenen Früchte gut verbreitet werden können. Die Pflanze kommt bis 1500 m vor und ist in Hochstaudenfluren und an Bachufern überall in den Alpen anzutreffen.

▲ Wald-Ziest

Stachys sylvatica
Lippenblütler (Lamiaceae)

Die relativ unscheinbare Pflanze ist in feuchten, schattigen Waldern immer wieder anzutreffen. In der schmalen Blütenscheinähre stehen die dunkelpurpurnen, etwas unangenehm riechenden Lippenblüten in Quirlen. Die brennnesselartigen Blätter sind dicht abstehend behaart, brennen jedoch nicht. Die in ganz Europa häufige Pflanze blüht zwischen Juni und August und steigt bis 1600 m empor. Wie alle Lippenblütler ist die Pflanze reich an ätherischen Ölen.

▲ Rührmichnichtan

Impatiens nolitangere
Balsaminengewäche (Balsaminaceae)

Der Name stammt daher, dass die linealen Früchte bei Berührung ihre Samen fortschleudern. Die trompetenförmigen gelben Blüten sitzen auf einem dünnen, glasigen Stiel, der beim Abbrechen sofort erschlafft. Die einjährige Pflanze blüht zwischen Juli und September und hat bei 1500 m ihre Verbreitungsobergrenze. Häufiger als diese Art ist das Kleinblütige Springkraut *(Impatiens parviflora)*, aus Mittelasien, welches seit dem 19. Jahrhundert in etwas gestörten Waldbereichen vorkommt. Bis 2 m hoch wird das rot blühende Indische oder Drüsen-Springkraut *(Impatiens glandulifera)*, das seit etwa 50 Jahren in Auwäldern und Uferbereichen eingebürgert ist.

▲ Stinkender Storchschnabel

Geranium robertianum
Storchschnabelgewächse
(Geraniaceae)

Die sparrig verzweigte und rötlich überlaufene Pflanze bedeckt bisweilen große Flächen über Schutt und Grobblock in feuchten Wäldern. Die rosa Blüten enthalten fünf Fruchtblätter, deren Griffel sich nach der Blüte storchschnabelähnlich (Name) verlängern und durch plötzliches Nachobenklappen die Samen wegschleudern. Der Stinkende Storchschnabel, der auch Ruprechtskraut heißt, strömt einen unangenehmen Geruch aus und enthält etliche Bitterstoffe; er kommt bis 1800 m vor.

▲ Zwerg-Glockenblume

Campanula cochleariifolia
Glockenblumengewächse
(Campanulaceae)

Die hellblütige, rasenförmig wachsende Pflanze ist überall in den Alpen zwischen Bachgeröll und auf feuchtem Hangschuttmaterial anzutreffen. Karbonathaltige Böden werden bevorzugt. In sickernassen Felsritzen steigt sie bis 2500 m empor. Geschlossene Blütenknospen und reife Kapseln stehen unmittelbar nebeneinander und spiegeln die phänologische Variabilität dieser äußerst genügsamen Pionierpflanze wider.

◄ Bergbach-Weidenröschen

Epilobium fleischeri
Nachtkerzengewächse (Onagraceae)

Die Griffel sind halb so lang wie die Staubblätter und bis zur Hälfte weißfilzig (beim nahe verwandten Rosmarin-Weidenröschen *(Epilobium dodanaei)* sind die Griffel gleich lang wie die Staubblätter). Pionierpflanze mit unterirdischen Ausläufern in Bach- und Flussschotter, daher meist herdenartig wachsend; obermontan bis subalpin; im Nationalpark nur in Osttirol, Hauptverbreitung weiter westlich (Nord- und Südtirol).

▲ Huflattich

Tussilago farfara
Korbblütler (Asteraceae)

Bereits im Februar/März öffnen sich die goldgelben Blütenkörbe und werden gierig von den ersten Insekten aufgesucht. Nach dem Verblühen verlängern sich die Blütenstände und es erscheinen die hufförmigen (Name) Blätter, die denen der Weiß-Pestwurz (Seite 14) sehr ähnlich sind, jedoch im Querschnitt des Blattstiels hufeisenförmig angeordnete Gefäßbündel zeigen. Durch ihre langen Ausläufer ist die Pflanze sehr gut an bewegten Schutt und Geröll angepasst. Sie steigt bis über 2000 m empor und ist in ganz Europa verbreitet. Die Blütenkörbe enthalten ein wirksames Heilmittel gegen Husten.

▲ Bunt-Hohlzahn

Galeopsis speciosa
Lippenblütler (Lamiaceae)

Die einjährige, an Wegrändern und in Waldlichtungen wachsende Pflanze unterscheidet sich von dem in Äckern häufigen Dorn-Hohlzahn *(Galeopsis tetrahit)* durch gelbe Kronen mit einem purpurvioletten Mittellappen der Unterlippe. Auf dem Grund der Unterlippe stehen bei allen Hohlzahn-Arten jeweils zwei hohle, aufrechte Höcker (Gattungsname). Die Blätter sind gekreuzt-gegenständig angeordnet und brennnesselartig. Die Pflanze kommt im gesamten Alpengebiet bis 1800 m vor.

Tannenreicher Misch- und Schluchtwald

(Luzulo nemorosae-Piceetum; „Abietetum" s. l.; Ulmo-Aceretum pseudoplatani)

Tannenreiche Wälder haben ursprünglich in allen nördlichen Tauerntälern eine ziemlich große Rolle gespielt und wurden bis ins 19. Jahrhundert als „Schwarzwälder" gefördert. Dies ging vor allem auf Kosten der Buche, die heute nur mehr im Fuscher und im Kapruner Tal anzutreffen ist. Abgesehen davon bestehen für die Buche auch klimatische Hindernisse. Die noch vorhandenen Exemplare müssen somit als Reste einer wärmeren Klimaepoche angesehen werden.

Aber auch die Tannenbestände wurden in den letzten Jahren einmal durch den Trend zur Fichtenmonokultur und zum anderen durch das „Tannensterben" stark dezimiert. Die wenigen Reste besiedeln steile, skelettreiche Hänge zwischen 700 und 1400/1600 m (Fuscher Tal, Kapruner Tal, Stubachtal, Hollersbachtal, Habachtal) und zeichnen sich durch einen großen Artenreichtum aus. Unter mächtigen z. T. uralten Tannen, Fichten und Berg-Ahornen gedeihen Hochstaudenelemente wie Wald-Geißbart *(Aruncus dioicus)*, Grau-Alpendost *(Adenostyles alliariae)*, Alpen-Milchlattich *(Lactuca alpina)*, Rundblatt-Steinbrech *(Saxifraga rotundifolia)* und Platanen-Hahnenfuß *(Ranunculus platanifolius)*; ferner Laubwaldelemente wie Wald-Bingelkraut *(Mercurialis perennis)*, Nesselblättriger Ehrenpreis *(Veronica urticifolia)*, Hasenlattich *(Prenanthes purpurea)* und Eichenfarn *(Gymnocarpium dryopteris)*. Säure- und Moderzeiger sind Heidelbeere *(Vaccinium myrtillus)*, Wald-Sauerklee *(Oxalis acetosella)* und Schattenblümchen *(Maianthemum bifolium)*. Auf den noch nicht vollkommen gefestigten Hängen können die Weiß-Pestwurz *(Petasites albus)* bzw. auch verschiedene Farne *(Dryopteris dilatata, D. filix-mas, Athyrium filix-femina, Thelypteris phegopteris, Th. limbosperma)* größere Bedeutung erlangen. Die üppige Moosflora bildet ein günstiges Keimbett für viele Samen, was die Regeneration und die Stabilität dieser Wälder sicherstellt. Ihre Reichhaltigkeit ist vergleichbar mit der von Schluchtwäldern, die so wie die Tannenwälder in den verborgenen Winkeln der Tauerntäler am schönsten und ursprünglichsten sind.

Echte Schluchtwälder mit Esche *(Fraxinus excelsior)* und Berg-Ahorn *(Acer pseudoplatanus)* sind relativ selten. Meistens sind sie mit Tanne und Fichte oder mit Grau-Erle gemischt. Den Unterwuchs prägen Hochstauden, Feuchtigkeits- und Stickstoffzeiger sowie zahlreiche Farne und Moose.

Hirzbachtal, NP Berchtesgaden

▲ **Eichenfarn**
Gymnocarpium dryopteris
Wurmfarngewächse (Dryopteridaceae)

Der 20 bis 30 cm hohe, zarte Farn zeichnet sich durch lang gestielte, im Umriss dreieckige Blattwedel aus. Die fertilen (= fruchtbaren, Sporangien tragenden Wedel) und die sterilen (= unfruchtbaren Wedel) sind gleichgestaltet. Der Farn hat in frischen, karbonatarmen Mischwäldern seine beste Wuchsleistung. Dem Eichenfarn sehr ähnlich ist der Kalk liebende Ruprechtsfarn *(Gymnocarpium robertianum)*, dessen Wedel an der Unterseite kurz drüsig behaart sind.

▲ **Echter Wurmfarn, Männerfarn**
Dryopteris filix-mas
Wurmfarngewächse (Dryopteridaceae)

Die rosettig angeordneten Blätter („Wedel") werden über 1 m lang und sind einfach gefiedert. Im eingerollten Zustand (Frühjahr) bilden die Wedel auffällige „Bischofsstäbe". Die Sporenkapseln stehen zu großen, nierenförmigen, von einem Schleier umgebenen Häufchen beisammen (Lupe). Sehr ähnlich sehen der Dornige Wurmfarn (*Dryopteris carthusiana:* Wedel zweifach gefiedert, Fiedern kurz stachelspitzig) und der Dunkel-Dornfarn (*Dryopteris dilatata:* Wedel, drei bis vierfach gefiedert). Die Wurmfarne steigen in feuchten Bergwäldern bis zur Waldgrenze empor.

▲ **Hasenlattich, Purpurlattich**
Prenanthes purpurea
Korbblütler (Asteraceae)

In frischen, schattigen Bergwäldern und Hochstaudenfluren gedeiht diese etwa 1 m hohe Staude. Kennzeichnend sind stängelumfassende, blaugrüne Blätter und eine lockere überhängende Rispe mit Blütenkörben, die nur fünf purpurne Zungenblüten haben.

▲ **Wald-Bingelkraut**
Mercurialis perennis
Wolfsmilchgewächse (Euphorbiaceae)

Die männlichen und weiblichen Blüten verteilen sich auf zwei Pflanzen (Pflanze zweihäusig) und sind unscheinbar grünlich gelb. Die Pflanze besitzt keinen Milchsaft, jedoch unterirdische Ausläufer, wodurch immer mehrere Exemplare in kleinen Gruppen beisammenstehen. Die Kalk liebende Pflanze ist an Wälder tieferer Lagen gebunden.

▲ **Grau-Alpendost**
Adenostyles alliariae
Korbblütler (Asteraceae)

Die bis 2 m hohe Pflanze tritt in den nördlichen Tauerntälern an vielen Stellen bestandbildend auf. Die riesigen Grundblätter („Huatplotschen", „Scheißblattln") sind unterseits graufilzig behaart; die Behaarung ist jedoch im Gegensatz zur Weißen Pestwurz *(Petasites albus)* abreibbar. Die roten Doldentrauben blühen zwischen Juni und September, die Obergrenze liegt bei 2100 m.

▲ **Alpen-Milchlattich**
Lactuca alpina (= Cicerbita alpina)
Korbblütler (Asteraceae)

In feuchten Gebirgswäldern und in Hochstaudenfluren bis 2200 m erstrahlen im Juli/August die tiefblauen Körbe des Alpen-Milchlattichs. Die über 1 m hohe Pflanze enthält Milchsaft (Name) und ist im Bereich des Korbstandes dunkel drüsig behaart. Die Blätter sind leierförmig, am Ende dreieckig-spießförmig.

▲ **Wald-Geißbart**
Aruncus dioicus
Rosengewächse (Rosaceae)

Die über 1 m hohe Hochstaudenpflanze zeichnet sich durch kleine, gelblich weiße, eingeschlechtige Blüten aus, die in langen, oft etwas überhängenden Rispen beisammenstehen. Die lang gestielten Blätter sind mehrfach gefiedert, besitzen jedoch keine Nebenblätter. In schattigen Bergwäldern ist die üppig wuchernde Pflanze bis 1700 m anzutreffen.

▲ Rundblatt-Steinbrech

Saxifraga rotundifolia
Steinbrechgewächse (Saxifragaceae)

So wie viele andere Hochstaudenpflanzen hat auch der Rundblättrige Steinbrech eine sehr weite Amplitude: von Bachschluchten der unteren montanen Stufe bis zu den Grünerlengebüschen der subalpinen Stufe. Die Blätter sind herznierenförmig und grob gesägt. Die zarten, weißen, rotpunktierten Blüten sind in einer lockeren, leicht drüsig behaarten Rispe angeordnet.

▲ Nessel-Ehrenpreis

Veronica urticifolia
Löwenmaulgewächse bzw. Wegerichgewächse i. w. S. bzw. Rachenblütler (Antirrhinaceae bzw. Plantaginaceae s. lat. bzw. Scrophulariaceae s. lat.)

Die Blütenstände sind Trauben und (meist) alle seitenständig; die Krone ist blassrosa; wie bei allen Ehrenpreis-Arten hat die Blüte nur zwei Staubblätter; die Fruchtstiele sind aufwärts gekrümmt. Hauptverbreitungsgebiete sind steinige Bergwälder und trockenere Hochstaudenfluren bis 2000 m.

▲ **Fuchs-Greiskraut**
Senecio ovatus (=S.fuchsii)
Korbblütler (Asteraceae)

Im Hochstaudengebüsch blüht zwischen dem Alpendost, dem Alpen-Milchlattich und der Pestwurz das Fuchs-Greiskraut mit gelben Körbchen. Es tritt nicht nur in schattigen Berg- und Schluchtwäldern, sondern auch an Waldrändern und in Lichtungen massenhaft auf. Nach dem Verblühen erscheinen die mit Pappushaaren versehenen Früchte, die an ein Greisenhaupt erinnern. Der Name Fuchs bezieht sich auf Leonhart Fuchs, einem der „Väter" der Botanik in der Renaissance. Die äußerst vitale Hochstaudenpflanze steigt bis 2100 m hoch. Das Fuchs-Greiskraut gehört zur taxonomisch schwierigen Verwandschaftsgruppe Hain-Greiskraut (*Senecio nemorensis* agg. bzw. s. lat.), die mehrere, einander sehr ähnliche Klein- bzw. Unterarten umfasst.

Fichtenwald

(Homogyno-Piceetum = Larici-Piceetum, Luzulo nemorosae-Piceetum)

Der Fichtenwald ist die am weitesten verbreitete Waldform in den inneren Tauerntälern und stellt zwischen 700 und 1700 m die klimatisch bedingte Schlusswaldgesellschaft dar. Die Wälder sind in der montanen Stufe, vor allem dort, wo eine intensive forstliche Nutzung betrieben wird, ziemlich monoton und artenarm. In der sauren Nadelstreu wurzeln Wald-Sauerklee *(Oxalis acetosella)*, Heidelbeere *(Vaccinium myrtillus)*, Wald-Habichtskraut *(H. murorum = Hieracium sylvaticum)*, Weißlich-Hainsimse *(Luzula luzuloides)* und Drahtschmiele *(Avenella flexuosa)*. Dazwischen bedecken etliche Säure liebende Moose den nackten Boden.

Ganz anders ist die Situation in den schwer zugänglichen Steillagen, in denen verschiedene Gehölzarten, z. B. Berg-Ahorn *(Acer pseudoplatanus)*, Eberesche *(Sorbus aucuparia)*, Blau-Heckenkirsche *(Lonicera caerulea)* oder Grau-Erle *(Alnus incana)*, in Verbindung mit einer üppigen Krautvegetation ein weitgehend stabiles Waldgefüge geschaffen haben.

Zahlreiche Elemente aus dem Tannenwald wie Wald-Bingelkraut *(Mercurialis perennis)*, Nessel-Ehrenpreis *(Veronica urticifolia)*, Hasenlattich *(Prenanthes purpurea)* oder Eichenfarn *(Gymnocarpium dryopteris)*, aber auch Arten aus dem Schluchtwald wie Grau-Alpendost *(Adenostyles alliariae)*, Fuchs-Greiskraut *(Senecio ovatus)*, Österreich-Gämswurz *(Doronicum austriacum)*, Schwalbenwurz-Enzian *(Gentiana asclepiadea)*, Groß-Dornfarn *(Dryopteris dilatata)* oder Bergfarn (= Lappenfarn, *Thelypteris limbosperma*) sind hier zu Hause. Auf nassen Standorten kommt es nicht selten zu Verzahnungen mit den Grauerlenwäldern.

Hochstaudenreiche Fichtenwälder sind vor allem für die nordseitigen Tauerntäler typisch. Sie gehen hier, ohne auffallende Änderung der Artengarnitur, in den subalpinen Fichtenwald über bzw. werden von Hochstaudenfluren abgelöst. Bei stärkerer Versauerung steigt mit zunehmender Höhe der Anteil der Zwergsträucher, vor allem von Heidelbeere *(Vaccinium myrtillus)*, Alpen-Rauschbeere *(Vaccinium gaultherioides)* und Preiselbeere *(Vaccinium vitis-idaea)*. Dazwischen sind als Charakterarten des subalpinen Fichtenwaldes Alpen-Brandlattich *(Homogyne alpina)*, Moosauge *(Moneses uniflora)*, Schlangen-Bärlapp *(Lycopodium annotinum)* sowie das sehr seltene

Klein-Zweiblatt *(Listera cordata)* eingestreut. Eine große Rolle spielen Farne *(Dryopteris dilitata, D. carthusiana, D. filix-mas, Blechnum spicant)* und Moose *(Hylocomium splendens, Pleurozium schreberi, Rhythidiadelphus triquetrus, Dicranum scoparium, Polytrichum formosum).* Ehemalige Waldschlagflächen werden vom Woll-Reitgras *(Calamagrostis villosa)* bedeckt. In seinem dichten Wurzelfilz kann sich der Wald nur sehr schwer verjüngen, weshalb derartige Lichtungen kaum von selbst zuwachsen.

Besonders schöne Beispiele für einen subalpinen Fichtenwald sind der „Rauriser Urwald" bei Kolm Saigurn und der „Wiegenwald" im Stubachtal. Die Bäume haben eine spitzere Kronenform und tief herunterreichende Äste, die mit zahlreichen Flechten (*Usnea-*, *Alectoria-*, *Cetraria*-Arten) behangen sind.

Großfragant / Mölltal

▲ Weiß-Hainsimse, Gewöhnliche Hainsimse

Luzula luzuloides (= L. nemorosa, L. albida)
Simsengewächse (Juncaceae)

Die Blätter der grasartigen Pflanze sind am Rande abstehend behaart, die kleinen, gelblich weißen Blüten sitzen in Büscheln auf einer Trichterrispe; sie blühen zwischen Juni und Juli. Die Weiß-Hainsimse bevorzugt saure, trockene Standorte und steigt bis in die subalpine Stufe empor.

▲ Moosauge, Einblüten-Wintergrün

Moneses uniflora (= Pyrola uniflora)
Wintergrüngewächse bzw.
Heidekrautgew. i. w. S.
(Pyrolaceae bzw. Ericaceae s. lat.)

Wie kleine Kapuzenmännchen stehen die einblütigen, nickenden Pflänzchen im dunklen Wald. Sie scheinen sich ihrer großen, rahmweißen duftenden Blüte zu schämen, die deshalb auch nur sehr schwer zu fotografieren ist. Erst im verblühten Zustand richtet sich die Kapsel auf. Die Blätter sind, wie bei allen Wintergrüngewächsen, wintergrün.

▲ **Österreich-Gämswurz**
Doronicum austriacum
Korbblütler (Asteraceae)

Die bis 1,5 m hohe Hochstaudenpflanze zeichnet sich durch mehrere große, gelbe Körbe aus. Der Stängel ist reich beblättert, die Blätter sind stängelumfassend. Die anspruchsvolle Pflanze kommt in den nördlichen Tauerntälern bis in die subalpine Hochstaudenflur vor.

▲ **Klein-Zweiblatt, Herz-Zweiblatt**
Listera cordata (= Neottia cordata)
Knabenkrautgewächse, Orchideen (Orchidaceae)

Nur mit großer Aufmerksamkeit kann diese Charakterpflanze des subalpinen Fichtenwaldes entdeckt werden. Die unscheinbare Blütentraube und die kleinen, scheinbar gegenständig sitzenden Blätter verstecken sich oft zwischen den Moospolstern, sodass sie gerne übersehen werden. Bei näherer Betrachtung ist jedoch die Blüte mit ihrer langen, zweigespaltenen roten Lippe wunderschön. Wie alle Orchideen ist auch das Herz-Zweiblatt streng geschützt.

▲ Drahtschmiele

Deschampsia flexuosa = Avenella flexuosa
Süssgräser (Poaceae)

Das Gras, das in sauren Wäldern und Magerrasen oft bestandbildend vorkommt, hat schmale, borstenförmige Blätter. Die Ästchen der Rispe sind wellig hin und her gebogen (Name) und tragen an ihrem Ende kleine, zweiblütige Ährchen. Im Herbst nimmt das Gras eine goldbraune bis kupferrötliche Farbe an.

▲ Schlangen-Bärlapp

Lycopodium annotinum
Bärlappgewächse (Lycopodiaceae)

Die Pflanze gehört zu den Farnpflanzen, die statt Blüten Sporangien (Sporenbehälter) besitzen. Der Spross des Bärlapps ist lang kriechend und hat waagrecht abstehende schmale Blätter. Die einzeln stehende, endständige Sporangienähre ist ungestielt.

Im Gegensatz dazu hat der Keulen-Bärlapp *(Lycopodium clavatum)* meist zwei gestielte Sporangienähren und die Blätter laufen in eine Haarspitze aus. Die Sporen beider Arten wurden früher als Wundpulver und für pyrotechnische Effekte (Stichflammen) verwendet.

Die Bärlappgewächse haben einen langsamen Entwicklungszyklus, denn sie weisen – wie alle Farngewächse – einen komplizierten Generationswechsel (Geschlechtsgeneration und Sporengeneration) auf, es vergehen viele Jahre, bis aus der Spore die Bärlapppflanze entsteht; die Arten sind deshalb geschützt.

▲ **Schwalbenwurz-Enzian**
Gentiana asclepiadea
Enziangewächse (Gentianaceae)

Wenn die meisten anderen Pflanzen schon verblüht sind, entfaltet der Schwalbenwurz-Enzian seine tiefblauen Trichterblüten. Er bevorzugt kalkhältige, tonige oder torfige Böden und ist in Flachmooren wie in Hochstaudenfluren (bis 2000 m) anzutreffen. Die Wurzeln wurden früher medizinisch genutzt. Die Blätter können bei Berührung Hautausschlag verursachen.

▲ **Moosmiere, Moos-Nabelmiere**
Moehringia muscosa
Nelkengewächse (Caryophyllaceae)

Dieses äußerst zarte, Rasen bildende Pflänzchen besitzt dünne, sparrig verzweigte Stängel, nadelförmige Laubblätter und strahlend weiße Blüten. Damit schmückt es Moospolster, Felsen und Geröllfluren schattigfeuchter Wälder von 800 bis 2300 m; kalkliebend.

▲ **Wald-Habichtskraut**
Hieracium murorum (= H. sylvaticum)
Korbblütler (Asteraceae)

Der Milchsaft führende, gelbe Korbblütler ist in frischen wie in trockenen Wäldern, in Wiesen und auf Schotterfluren bis über 2000 m anzutreffen. Die Hüllblätter und die Rispe sind drüsig behaart. Am langen Stängel befindet sich meist nur ein lineal-lanzettliches Blatt, die Grundblätter sind mehr oder weniger lang gestielt, eiförmig und grob gesägt.

▲ **Etagenmoos**
Hylocomium splendens
Laubmoose (Bryophyta)

Mehrschichtig aufgebautes Laubmoos, wobei der neue Jahrestrieb auf dem Rücken des vorjährigen Jahrestriebes entspringt. Blätter spiralig angeordnet. Kapsel waagrecht, eiförmig, braun; Kapseldeckel kurz geschnäbelt. Häufig in sauren Wäldern und in Zwergstrauchgesellschaften.

▲ Alpen-Brandlattich

Homogyne alpina
Korbblütler (Asteraceae)

Die grundständigen Blätter sind derb, herz-nierenförmig und immergrün. Sie treten meist in größeren Herden auf. Die Pflanze ist so auch ohne Blüte gut zu erkennen.
Im Gegensatz dazu sind die Blätter des Filz-Brandlattichs *(Homogyne discolor)* unterseits weißfilzig. Außerdem kommt diese Pflanze auf feuchten Kalkböden erst oberhalb 1500 m vor.

Das nur aus Röhrenblüten bestehende Köpfchen sitzt am Ende eines 30 cm hohen, dicht behaarten Stängels. Die Pflanze ist in sauren, moosreichen Wäldern, in Zwergstrauchheiden und in alpinen Rasen (bis 2800 m) häufig. ▶

Lärchen-Zirben-Wald

(Larici-Pinetum cembrae = Rhododendro-Vaccinietum cembretosum)

Die Zirbenwälder gehören zu den schönsten und eindrucksvollsten Wäldern im Nationalpark Hohe Tauern. Meist bei 1700/1800 m an den subalpinen Fichtenwald anschließend, steigen sie bis zur Waldgrenze in 2100–2200 m Höhe empor und lösen sich dann in einzelne Baumgruppen auf. Einzelbäume kommen bis 2300 m, maximal sogar bis 2400 m Höhe vor (Kals, Oberes Mölltal).

Entscheidend für das Überleben der Zirbe in dieser Höhe ist die Frosthärte ihrer Nadeln, die Temperaturen bis zu minus 30 Grad Celsius schadlos überstehen können, vorausgesetzt, es findet ein entsprechender Abhärtungsprozess durch langsam sinkende Temperaturen im Herbst statt. Wesentlich ungünstiger als die Kälte wirkt sich lange Schneebedeckung auf die Zirbe aus.

Die größten geschlossenen Zirbenwälder kommen im Stubachtal, Ödtal, Krimmler Achental und im Wildgerlostal vor. Es sind dies zwergstrauch- und moosreiche Bestände mit Heidelbeere *(Vaccinium myrtillus)*, Alpen-Rauschbeere *(Vaccinium gaultherioides)*, Alpen-Brandlattich *(Homogyne alpina)*, Blutwurz *(Potentilla erecta)*, Gelblicher Hainsimse *(Luzula luzulina)* und Schlangen-Bärlapp *(Lycopodium annotinum)*. Die Moosflora entspricht weitgehend der im subalpinen Fichtenwald; hinzu kommt das sehr hübsche Federmoos *(Ptilium crista-castrensis)*. An einigen wenigen Stellen kommt auch das Moosglöckchen *(Linnaea borealis)* vor, eine inneralpin verbreitete Differentialart. Auf moderreichen Kalkblockhalden steigen etliche Laubwaldarten wie Echter Seidelbast *(Daphne mezereum)*, Einbeere *(Paris quadrifolia)*, Türkenbund *(Lilium martagon)* oder Wald-Storchschnabel *(Geranium sylvaticum)* bis zur Waldgrenze empor und verzahnen sich mit der an manchen Stellen weit hinunterreichenden Latsche *(Pinus mugo)*.

Als einzige Laubbaumart dringt die Eberesche *(Sorbus aucuparia)* in den Zirbenwaldbereich ein. Besonders hübsch sind die großen, blauen Blüten der Alpen-Waldrebe *(Clematis alpina)*, die als holzige Kletterpflanze (Liane) Äste von Bäumen und Sträuchern überzieht.

Weit häufiger als reine Zirbenwälder sind offene Lärchen-Zirben-Bestände mit viel Alpenrosen *(Rhododendron ferrugineum, Rh. hirsutum)* im Unterwuchs. Ursache ist die Weidewirtschaft, die in praktisch allen Tälern mit mehr oder weniger starker Intensität betrieben wird.

Das Vegetationsbild ist gekennzeichnet durch ein sehr eng verzahntes Mosaik, bestehend aus Zwergstrauch- und Rasenelementen. Wurden die Zirben vollständig beseitigt, haben sich z. T. reine Lärchenwälder ausgebildet (Virgental, Oberes Mölltal, Kalser Tal, Seidlwinkltal), z. T. blieben nur mehr Alpenrosenmatten übrig. Oft sind es Flurnamen, wie „Zirmsee" (von „Zirbn") im Großen Fleißtal oder „Zirbitzkogel" in den Seetaler Alpen, die auf das ehemals sehr ausgedehnte Zirbenareal hindeuten.

An den feuchten Schattenhängen ist der Lärchenwald hochstaudenreich, wobei neben mehreren Weidenarten die Woll-Kratzdistel *(Cirsium eriophorum)* und etliche Farne auffallen.

Die südseitigen Sonnhänge sind von zahlreichen Trockenelementen durchsetzt. Zu ihnen zählen Stink-Wacholder, auch Sebenstrauch genannt *(Juniperus sabina)*, Eiblatt-Sonnenröschen *(Helianthemum nummularium subsp. obscurum)*, Feld-Thymian *(Thymus pulegioides)*, Furchen-Schwingel *(Festuca rupicola)*, Fieder-Zwenke *(Brachypodium pinnatum)* und Pyramiden-Schillergras, auch Wiesen-Kammschmiele *(Koeleria pyramidata)* genannt.

Kaponiggraben / Mölltal

▲ Zirbe, Zirbel-Kiefer

Pinus cembra
Föhrengewächse (Pinaceae)

12–15 m hoher, sehr langsam wüchsiger Baum der Zentralalpen zwischen 1500 und 2300 m Meereshöhe. Pro Kurztrieb finden sich fünf steife Nadeln, die imstande sind, Minustemperaturen bis 30 Grad Celsius zu ertragen. Die Frosthärte der Nadeln unterliegt einem Jahresrhythmus, der von der Tageslänge gesteuert wird. Die Zapfen stehen aufrecht, sie werden bis 10 cm lang. Die Samen (Zirbelnüsse) werden gerne vom Zirbenhäher *(Nucifraga caryocactates)* gefressen, bisweilen vergisst dieser aber seine Verstecke in Moospolstern und trägt so zur Verbreitung der Zirbe bei. Die versteckten Samen enthalten genügend Nährstoffe, um eine tief reichende Keimwurzel durch die dicke Rohhumusdecke zu treiben. Die Zirbe kann bis zu 1000 Jahre alt werden. Sie ist nur in den Alpen und Karpaten verbreitet.

▲ Zirbenholz

Das Holz der Zirbe (Kernholz) hat einen schmalen Splint, ist gelblich mit seidenartigem Glanz und dunkelt stark nach. Die eingewachsenen Äste weisen eine dunkelrote bis rotbraune Färbung auf. Das Holz der Zirbe hat zahlreiche Harzgänge, daher einen angenehmen Harzgeruch. Es ist sehr weich, leicht, feinfaserig und daher gut zu bearbeiten. Außerdem ist es dauerhaft, jedoch von geringer Tragfähigkeit.
Wegen seines „heimeligen“ Aussehens wird es als Möbelholz (Bauernstuben) und Einrichtungsholz (Innenausstattungen) verwendet. Auch für Schnitzereien wie Holzschalen, Skulpturen, Getreidemühlen, Harmonikafurnier oder Spielwaren findet es Anwendung. Die Zapfen werden in Scheiben geschnitten und diese in einen „Obstler“ eingelegt, der das Aroma aufnimmt („Zirbengeist“).

▲ Preiselbeere, „Granten“
Vaccinium vitis-idaea
Heidekrautgewächse (Ericaceae)

Der bis 10 cm hohe Zwergstrauch weist kleine, dunkelgrüne, ledrige Blätter und weißliche, in Trauben hängende Blütenglöckchen auf. Die roten, säuerlich schmeckenden Beeren werden zu Marmelade und Kompott verarbeitet, die Blätter ergeben in der Volksmedizin einen Tee bei Erkrankungen der Harnorgane. Preiselbeeren gedeihen in trockenen, sauren Nadelwäldern, Hochmooren und Zwergstrauchheiden bis 2500 m.

▲ Alpen-Rauschbeere, Alpen-Nebelbeere
Vaccinium gaultherioides
(=V. uliginosum subsp. gaultherioides)
Heidekrautgewächse (Ericaceae)

Dieser der Heidelbeere ähnliche Zwergstrauch hat ebenfalls sommergrüne, jedoch blaugrüne Blätter. Die weißlichen oder rosa Blütenglöckchen hängen in kleinen Trauben. Die Beeren sind blaubereift, innen weißlich, schmecken fad.
Dass sie in größeren Mengen genossen, Kopfweh (Rausch) erzeugen, ist vermutlich ein Märchen. Die Alpen-Nebelbeere findet sich häufig in moosreichen Nadelwäldern und Zwergstrauchheiden.
Die nah verwandte Art *Vaccinium uliginosum* besitzt größere Blätter, sie wächst buschartig in Hochmooren.

▲ **Lärche**
Larix decidua
Föhrengewächse (Pinaceae)

Die Lärche ist eine Lichtholzart und ein Rohbodenkeimer, welcher bis zu 400 Jahre alt werden kann. Pro Kurztrieb stehen mehrere hellgrüne Nadeln, die im Winter abgeworfen werden. Die Zapfen sind klein und eiförmig. In Viehweiden suchen sich die Samen die durch Tritt aufgerissenen Stellen zur Keimung aus. Auf diese Weise sind viele sogenannte „Lärchenwiesen" entstanden. Das rötlich gemaserte Lärchenholz ist als Möbelholz sehr geschätzt, auch das Harz (Lärchenpech oder Lirget) wird als Imprägnierungsmittel (in der Volksmedizin als Zugsalbe) verwendet. Wegen seiner Wetterbeständigkeit wird Lärchenholz auch als Bauholz und für Dachschindeln verwendet.

▲ **Wolfsflechte**
Letharia vulpina
Flechten (Lichenes)

Die gelbgrüne Strauchflechte mit den langen, vielfach verzweigten, fast bärtigen Ästchen wurde früher zum Vergiften von Wölfen und Füchsen verwendet. Sie besiedelt vor allem alte Lärchen, seltener ist sie auf Zirben oder auf alten Holzdächern von Heuhütten anzutreffen.

▲ **Heidelbeere, Schwarzbeere, Moosbeere**
Vaccinium myrtillus
Heidekrautgewächse (Ericaceae)

Dieser allseits bekannte Zwergstrauch hat rundlich-eiförmige, sommergrüne Blätter. Die grünlichen oder rötlichen Blütenglöckchen hängen einzeln, die blauschwarzen, im August reifenden, innen violetten Beeren schmecken süß. Frisch genossen wirken sie durch die Fruchtsäuren abführend, getrocknete Beeren hingegen stopfend. Heidelbeersträucher wachsen auf sauren, nährstoffarmen Böden bis 2500 m.

▲ **Blau-Heckenkirsche**
Lonicera caerulea
Geißblattgewächse (Caprifoliaceae)

In Lärchen-Zirben-Wäldern wächst bisweilen der mit blaugrünen Blättern versehene, etwa 1 m hohe Strauch. Die beiden Fruchtknoten der paarweise angeordneten Blüten sind von einem zur Fruchtreife fleischig werdenden Hochblatt gemeinsam umhüllt, wodurch scheinbar eine einzige (genießbare) blaue Beere entsteht, die aber tatsächlich zwei getrennte Beeren umfasst.

▲ Eberesche, Vogelbeerbaum

Sorbus aucuparia
Rosengewächse (Rosaceae)

Sie ist ein Baum (bisweilen strauchartig) mit großen, gezähnten Fiederblättern und unangenehm duftenden weißen Blüten. Die beerenartigen Früchte werden als Vogelfutter gerne angenommen, sie sind sehr Vitamin-C-haltig. In einigen Alpentälern stellt man aus ihnen einen Schnaps her. Die Eberesche ist der einzige Laubbaum, der in den Zentralalpen bis zur Waldgrenze reicht.

▲ Alpen-Waldrebe

Clematis alpina
Hahnenfußgewächse (Ranunculaceae)

Liane mit auffallend großen, blauen Blüten. Die in Ranken umgewandelten Laubblattstiele klettern auf Sträucher und Bäume und versehen diese mit einem attraktiven Blütenschmuck. Die äußeren Staubblätter sind zu Nektarblättern umgewandelt. Der in ihnen produzierte Nektar dient Bestäubern als wichtige Nahrungsquelle. Vereinzelt in lichten Blockwäldern und in der Zwergstrauchstufe bis 2400 m.

▲ **Großes Kranzmoos, „Runzelbruder"**
Rhythidiadelphus triquetrus
Laubmoose (Bryophyta)

Sparriges, dichte Rasen bildendes Laubmoos. Stängel mehrfach gegabelt; Blätter spiralig angeordnet, struppig abstehend. Kapsel waagrecht, walzlich. Sehr häufiges Waldmoos montaner und subalpiner Nadelwälder. Verbreitet und dichte Moospolster bildend sind weiters das Stockwerkmoos *(Hylocomium splendens)*, eine Haarmützenmoos-Art *(Polytrichum formosum)* und das Gabelzahnmoos *(Dicranum scoparium)*.

▲ **Moosglöckchen**
Linnaea borealis
Moosglöckchengewächse bzw.
Geißblattgewächse i. w. S.
(Linnaeaceae bzw. Caprifoliaceae s. lat.)

In dem zierlichen, über Moospolster dahinkriechenden Pflänzchen würde man kaum einen Halbstrauch vermuten (Äste unterirdisch als Rhizom). Die kleinen, ledrigen, vorne gesägten Blätter stehen gegenständig. Die blühenden Sprosse werden 12 cm hoch und tragen meist zwei, weißlich oder rosa gefärbte, nickende Blütenglöckchen. Als sehr seltenes Eiszeitrelikt kommt das Nordische Moosglöckchen vor allem in moosreichen Lärchen-Zirben-Wäldern der Zentralalpen vor. In Skandinavien ist es für die Birkenwälder typisch.

Zwergstrauchheiden

(Rhododendretum ferruginei, Junipero-Arctostaphyletum)

Nach der Entwaldung der Lärchen-Zirben-Waldbestände blieb eine schneeschutzbedürftige Zwergstrauchheide übrig, bestehend aus Rost-Alpenrose *(Rhododendron ferrugineum)*, Heidelbeere *(Vaccinium myrtillus)* und Rauschbeere *(Vaccinium gaultherioides)*. Mit ihnen sind, neben etlichen Fichtenwaldarten, auch Moose aus der oberen Waldstufe vergesellschaftet. Vereinzelt ergänzen am Weg von Prägraten zur Johannishütte (Prägratner Dorfertal), im Gebiet der Berger Alpe südlich von Prägraten im Virgental und in der Umgebung des Haritzer Steiges im oberen Mölltal (östlich des Elisabethfelsens und im Guttal) die Schweizer Weide *(Salix helvetica)* und die Spieß-Weide *(Salix hastata)* die Strauchschicht. Die in der Ferne dunkelgrün wirkenden Alpenrosenheiden bilden in den meisten Tauerntälern einen baumlosen Gürtel oberhalb der vom Menschen geschaffenen (= aktuellen) Waldgrenze. Nur an wenigen Stellen reicht die Alpenrose über die klimatisch mögliche (= potenzielle) Waldgrenze empor.

Auf den regelmäßig beweideten, flacheren Hängen sind die durch Viehtritt höckerartig herausgehobenen Alpenrosen mosaikartig mit den Weiderasen verzahnt. Folgt das Vieh im steileren Gelände den ausgetretenen Viehgangeln, entstehen streifenförmige Komplexe von Zwergstrauchheiden und Bürstlingrasen. An besonnten Stellen sind stets auch die Besenheide *(Calluna vulgaris)* und der Zwergwacholder *(Juniperus communis subsp. alpina)* beigemischt.

Außer silikatischen Gesteinen kommen in den Hohen Tauern auch Kalkglimmerschiefer und Marmore (Virgental, nördlich Matrei, Kalser Dorfertal, oberes Mölltal, Großfragant, hinteres Fuscher Tal) vor. Auf ihnen wird die Rost-Alpenrose durch die Wimper-Alpenrose *(Rhododendron hirsutum)* bzw. im Übergangsbereich durch die Bastard-Alpenrose (*Rhododendron x intermedium*) ersetzt. Zur typischen Artengarnitur der Kalk/Dolomit anzeigenden (basiphilen) Zwergstrauchheiden gehören Schneeheide *(Erica carnea)*, Kahles Steinröschen *(Daphne striata)*, Buchs-Kreuzblume *(Polygala chamaebuxus)* und Herzblatt-Kugelblume *(Globularia cordifolia)*. An Weiden kommen an etwas luftfeuchteren Standorten Bäumchen-Weide *(Salix waldsteiniana)*, Tauern-Weide *(Salix mielichhoferi)*, Kahl-Weide *(Salix glabra)* und Großblatt-Weide *(Salix appendiculata)* vor. Sie sind z. B. im Gebiet der Wallhorn-Mähder oberhalb von Prägraten, bei der Firschnitzalm ober Virgen, in der Umgebung des Margaritzen-Stausees (oberes Mölltal) und am Hangfuß des Bretterichs in der Großfragant besonders schön ausgebildet. An südexponierten Hängen mit geringerer Schneebedeckung kann die Alpen-Bärentraube *(Arctostaphylos alpina)* größere Bedeutung erlangen.

Die größten Sebenstrauchbestände kommen im Virgental (bei Hinterbichl, Virgen und Obermauern), im Maltatal und nördlich des Alpenhauptkammes im oberen Murtal vor. Diese Wacholderart ist mit einer Reihe von Trockenzeigern vergesellschaftet. So gedeihen neben schmalblättrigen xerophilen Gräsern Hängeblüten-Tragant *(Astragalus penduliflorus)*, Feuer-Lilie *(Lilium bulbiferum)*, Kartäuser-Nelke *(Dianthus carthusianorum)*, Rätischer Schöterich *(Erysimum rhaeticum)* und Sukkulenten wie Einjähriger Mauerpfeffer *(Sedum annuum)*, Spinnweb-Hauswurz *(Sempervivum arachnoideum)* und Tauern-Kugel-Fransenhauswurz *(Jovibarba globifera subsp. arenaria)*.

Krimmler Achental

▲ Wimper-Alpenrose

Rhododendron hirsutum
Heidekrautgewächse (Ericaceae)

Die beiderseits grünen Blätter sind am Rand fein gekerbt und abstehend bewimpert. Die Blüten sind meist etwas heller als die der Rost-Alpenrose *(Rhododendron ferrugineum)*. Im Gegensatz zu dieser wächst sie ausschließlich auf Kalk- und Dolomitböden und ist auf die Ostalpen beschränkt.

▲ Rost-Alpenrose

Rhododendron ferrugineum
Heidekrautgewächse (Ericaceae)

Dieser selten über 1 m hohe, buschige Kleinstrauch hat wintergrüne, hartlaubige, elliptisch-lanzettliche Blätter, sie sind oberseits glänzend dunkelgrün, unterseits mit rostbraunen Drüsenschuppen besetzt. Die leuchtend pupurroten Blütenglocken sind an den Zweigenden gehäuft, der Strauch blüht je nach Höhenlage zwischen Mai und Anfang Juli. Er kommt meist im Bereich der Waldgrenze und darüber (bis ca. 2300 m) auf humusreichen, sauren Böden vor, benötigt zudem längeren Schneeschutz. Ein Pilz *(Exobasidium rhododendri)* erzeugt bisweilen gelbe, rundliche Gallen, die „Alpenrosenäpfelchen". Beide Alpenrosenarten werden im Volksmund „Almrausch" genannt. Wo auf karbonatreichen Böden die Wimper-Alpenrose benachbart ist, findet sich im standörtlichen Mischbereich die Hybride zwischen den beiden Arten.

▲ Stink-Wacholder, Sebenstrauch, „Sadebaum"

Juniperus sabina
Zypressengewächse (Cupressaceae)

Der niederliegende, unangenehm riechende Kleinstrauch hat im Gegensatz zum Echt-Wacholder *(Juniperus communis subsp. communis)* eng anliegende, schuppenförmige Blätter; die sehr kleinen Beerenzapfen sind braunschwarz. Der Sebenstrauch ist in den Alpen eher selten, in den inneralpinen Trockentälern wie dem Virgental oder im Maltatal ist er jedoch häufig an den warmen Sonnseiten zwischen 600 und 1800 m anzutreffen. Früher wurde der Strauch als sehr giftiges und gefährliches Abortivum in Gärten gepflanzt.

▲ Zwerg-Wacholder

Juniperus communis subsp. nana
(= subsp. alpina)
Zypressengewächse (Cupressaceae)

Der im Gegensatz zum Gewöhnlichen Wacholder *(Juniperus communis subsp. communis)* niederliegende und beim Angreifen kaum stechende Strauch besiedelt vor allem sonnige Magerwiesen zwischen 1600 und 2200 m. Die 4–8 mm langen, kahnförmigen Nadeln bilden 3er-Wirtel und haben einen aromatischen Geruch. Die blauen Beerenzapfen (Scheinbeeren) wirken verdauungsfördernd und entzündungswidrig.

▲ **Kahl-Steinröschen**
Daphne striata
Seidelbastgewächse (Thymelaeaceae)

Die blaugrünen, ledrigen, schmalen Blätter treten an den Zweigenden gehäuft auf. Sie umhüllen die in Büscheln beisammenstehenden rosaroten Blüten (eigentlich sind es röhrenförmige Blütenachsen mit 4 Kelchblättern). Diese sind im Gegensatz zum nahe verwandten Flaum-Steinröschen oder Heideröschen *(D. cneorum)* kahl, bei letzterer Art jedoch außen behaart. Wie bei allen Seidelbast-Arten entströmt ihnen ein starker Duft. Das Kahl-Steinröschen ist im subalpinen Latschengebüsch und in offenen, meist kalkhältigen Steinrasen verbreitet. Es ist geschützt!

▲ Alpen-Bärentraube

Arctostaphylos alpina
Heidekrautgewächse (Ericaceae)

Der niedrige, am Boden dahinkriechende Spalierstrauch fällt im Herbst durch seine leuchtend roten Blätter auf. Sie sind am Rand fein gezähnt und am Grund bewimpert. Die Blütenkrone ist weiß, die Beeren sind rot. Die Alpen-Bärentraube kommt zerstreut in Zwergstrauchheiden zwischen 1800 und 2500 m vor.

Die verwandte immergrüne Echte Bärentraube *(Arctostaphylos uva-ursi)* hat ganzrandige, ledrige und immergrüne Blätter, die in Blasen- und Nierentees Verwendung finden.

▲ Besenheide

Calluna vulgaris
Heidekrautgewächse (Ericaceae)

Es handelt sich um einen immergrünen Zwergstrauch mit dachziegelartig angeordneten schuppenförmigen Blättern. Die rosaroten Blütenglöckchen stehen in einer dichtblütigen Traube. Sie blühen im Herbst und sind eine wertvolle Bienenweide. Die Besenheide wächst auf nährstoffarmen, sauren Böden in Zwergstrauchheiden, Magerweiden, lichten Wäldern und in Hochmooren. Als Heidekraut gab sie der Lüneburger Heide den Namen.

Die Besenheide wird merkwürdigerweise oft mit der im Frühling blühenden Erika oder Schneeheide *(Erica carnea)* verwechselt, deren Blätter nadelförmig abstehen und die kalkreiche Böden bevorzugt (vgl. S. 51).

Latschen-Krummholz

(Calamagrostio villosae-Pinetum mugi, Erico-Pinetum mugi)

Das Vorkommen von Latschen-Krummholz verbindet der Bergwanderer meistens mit Kalkgestein. Die Latsche oder Legföhre ist auch auf trockenen Silikatböden und sauren, torfmoosreichen Hochmooren heimisch. Dies deutet darauf hin, dass nicht die Bodenreaktion, sondern die fehlende Konkurrenz für deren Auftreten entscheidend ist. Latschen sind in den Hohen Tauern sowohl auf den karbonatreichen Gesteinen der Schieferhülle und der Matreier Zone (mittleres Dorfer Tal, innerstes Mölltal und inneres Fuscher Tal) als auch auf den vom Gletschereis abgeschürften Felsrücken und Rundhöckern (Wangenitztal und Gradental in der Schobergruppe) verbreitet. Auf den silikatischen Gneis-Blockhalden der Hochalmspitze, des Hafners, im hintersten Stubach- und Amertal sowie nördlich des Graukogels im Habachtal schließen sie oft an die die Waldgrenze bildenden Zirben an. Die Latschenbestände über Kalk sind mit der Wimper-Alpenrose und anderen Kalkzeigern, die über Silikat mit der Rostroten Alpenrose, der Heidelbeere und der Preiselbeere vergesellschaftet.

Gradental in der Schobergruppe (Mölltal)

▼ Latsche, Leg-Föhre

Pinus mugo
Kieferngewächse (Pinaceae)

Der 1–3 m hohe Strauch hat 2–5 cm lange Nadeln, die paarig an den Kurztrieben sitzen. Die Zapfen sind eiförmig glänzend, braun bis violett. Als konkurrenzschwache Art gedeiht die Latsche sowohl in der Zwergstrauchstufe auf kalkigen und silikatischen Blockhalden und Magerweiden als auch in sauren Hochmooren im Talbereich. Um Weideland zu gewinnen, wurde sie früher häufig geschwendet (abgehackt bzw. abgebrannt). Das aus den Nadeln gewonnene Latschenkieferöl wird als Inhalationsmittel verwendet.

▲ Echt-Seidelbast

Daphne mezereum
Seidelbastgewächse (Thymelaeceae)

Winterkahler Kleinstrauch mit stammbürtigen („Kauliflorie“), stark duftenden Blüten und roten Beerenfrüchten. Blüten vor den Laubblättern erscheinend. Alle Teile der Pflanze sind stark giftig, besonders Rinde und Samen, die bei Verzehr ein würgendes Gefühl hervorrufen („Kellerhals“). Schon wenige Früchte können tödlich wirken. Auch Hautreizungen sind bei Berühren der frischen Zweige möglich. Verbreitung von den Tieflandauen bis in die subalpine Zwergstrauchstufe. Ausbreitung durch Vögel, die gegen das giftige Fruchtfleisch immun sind und die Samen wieder ausspeien. Geschützt!

▲ Schweizer Weide

Salix helvetica
Weidengewächse (Salicaceae)

Die lanzettlichen Blätter sind unterseits weißfilzig, oberseits kahl, dunkelgrün. Auch die ganz jungen Zweige sind filzig. Je nach Höhenlage erscheinen die dichten Blütenkätzchen im Juni oder September. Die Schweizer Weide gedeiht auf lange schneebedeckten Blockhalden, zwischen Grünerlengebüsch und Hochstaudenfluren, aber stets auf kalkfreien Böden.

▲ Schneeheide, Erika

Erica carnea
Heidekrautgewächse (Ericaceae)

Dieser Kalk liebende Zwergstrauch blüht je nach Höhenlage von März bis Juni. Wir finden ihn in lichten Föhrenwäldern der Tieflagen, aber auch in sonnigen Latschenbeständen des Krummholzgürtels bis 2300 m. Vergleiche hierzu die Besenheide auf Seite 47.

Grünerlengebüsche und Hochstaudenfluren

(Alnetum viridis, Cicerbitetum alpinae)

Lawinengräben mit langer Schneebedeckung, Feuchtmulden und wasserüberrieselte Steilhänge sind die bevorzugten Standorte für subalpine Hochstauden und hochstaudenartige Gebüschgesellschaften, in denen meist die Grün-Erle *(Alnus alnobetala = A. viridis)* dominiert. Sie finden sich hauptsächlich über silikatischen Gesteinen, dies aber nur deswegen, weil auf Karbonatgesteinen die Böden meist zu trocken sind. Auf den naturgemäß trockenen Karbonatböden ersetzen die Latsche *(Pinus mugo)* und verschiedene Weiden, wie Bäumchen-Weide *(Salix waldsteiniana)*, Großblatt-Weide *(Salix appendiculata)* oder Ruch-Weide *(Salix foetida)* die Grün-Erle.

Die größten geschlossenen Grünerlenbestände befinden sich in den Talschlüssen des Hollersbach-, des Habach- und des Fuscher Tales. Sie schließen z. T. direkt an den Wald an, z. T. umrahmen sie die Hochtalalmen. Bei etwas trockeneren Verhältnissen treten sie mit den Alpenrosenheiden in Kontakt, wodurch eng verzahnte Vegetationskomplexe entstehen. Diese Engräumigkeit von verschiedenen Pflanzengesellschaften, ausgelöst durch unterschiedliche Gelände und Bodensituation, ist in den Alpen allgemein verbreitet und macht sowohl für den beschaulichen Wanderer als auch für den Wissenschaftler den Reiz dieser Landschaft aus.

Auf den mit Stickstoff angereicherten Böden gedeihen zahlreiche anspruchsvolle Arten wie Meisterwurz *(Peucedanum ostruthium)*, Alpen-Kälberkropf *(Chaerophyllum villarsii)*, Wolfs-Eisenhut (*Aconitum lycoctonum* agg.), Grau-Alpendost *(Adenostyles alliariae)*, Rundblatt-Steinbrech *(Saxifraga rotundifolia)* und Sauerampfer *(Rumex alpestris)*. An hochwüchsigen Farnen kommen u. a. *Dryopteris dilatata* und *Athyrium distentifolium* vor. Seltener sind Stutz-Läusekraut *(Pedicularis recutita)*, Eikopf-Teufelskralle *(Phyteuma ovatum)* und der gelb blühende Alpenrachen *(Tozzia alpina)*. In Waldnähe und im Übergang zu den Almen erlangen Rost-Alpenrose *(Rhododendron ferrugineum)*, Heidelbeere *(Vaccinium myrtillus)* und Drahtschmiele *(Avenella flexuosa)* eine größere Bedeutung.

Noch mehr als die Grünerlengesellschaften zählen die Hochstaudenfluren durch ihre günstigere Belichtung und den höheren Basengehalt im Boden zu den üppigsten Pflanzengesellschaften der subalpinen Stufe: Grau-Alpendost *(Adenostyles alliariae)*, Weiß-Pestwurz *(Petasites albus)*, Alpen-Milchlattich *(Lactuca alpina)*, Fuchs-Greiskraut *(Senecio ovatus)* und Österreich-Gämswurz *(Doronicum austriacum)* bilden oft derart dichte Bestände, dass sich darunter nur einige wenige Kräuter wie Hain-Sternmiere *(Stellaria nemorum)*, Zweiblüten-Veilchen *(Viola biflora)*, Frauenmantel (*Alchemilla* spp.) oder Quirl-Weideröschen *(Epilobium alpestre)* durchsetzen können. Außerhalb des Waldes zeigen die Hochstaudenfluren enge Beziehungen einmal zu den Vieh- und Wildlägern, zum anderen zu den Langgrasrasen.

Hollersbachtal

▲ Alpenrachen

Tozzia alpina
Sommerwurzgewächse i. w. S. bzw. Rachenblütler (Orobanchaceae s. lat. bzw. Scrophulariaceae s. lat.)

Es handelt sich um eine kleinwüchsige Pflanze mit goldgelben, rot punktierten Kronen, die vereinzelt im Unterwuchs von Grünerlengebüschen und bisweilen auch in Quellfluren wächst. Die Pflanze lebt halbparasitisch, vorwiegend auf Grau-Alpendost *(Adenostyles alliariae)* und Alpen-Ampfer *(Rumex alpinus)*.

▲ Gewöhnliche Rasenschmiele

Deschampsia cespitosa
Süßgräser (Poaceae)

Praktisch an allen quelligen Stellen, vom Tiefland bis in die Gipfelregion, begegnen einem die grünen Horste der Rasenschmiele. Die Blätter sind oberseits auffallend rau und wellblechartig gerieft (im Durchlicht daher mit auffallenden hellen Längsstreifen). An der lang überhängenden Rispe sitzen kleine, z. T. violette Ährchen. Das Gras wird wegen seiner Rauheit von den Tieren nur ungern gefressen und ist ein typischer Nitratzeiger. Auf Viehweiden heben sich diese Höcker (im Kärntner Volksmund „Stollvasn" genannt) deutlich von der Umgebung ab.

▲ **Alpen-Kälberkropf**
Chaerophyllum villarsii
Doldengewächse (Apiaceae)

Ein wichtiges Bestimmungsmerkmal der Doldenblütler sind die reifen Früchte: So ist z. B. die Gattung *Chaerophyllum* durch ungeschnäbelte, kahle, der ganzen Länge nach gerippte Früchte charakterisiert. Die Kronblätter sind im Gegensatz zum oberflächlich betrachtet ähnlich aussehenden Wiesen-Kerbel *(Anthriscus sylvestris)* außen bewimpert. Die Blätter des Alpen-Kälberkropfes sind im Umriss dreieckig und mehrfach gefiedert. Verwechslungsmöglichkeiten bestehen auch mit dem Wimper-Kälberkropf *(Chaerophyllum hirsutum)*.

▲ **Straußenfarn**
Matteuccia struthiopteris
Wurmfarngewächse (Dryopteridaceae)

Die sterilen, bis 1 m langen Blattwedel bilden einen regelmäßigen Trichter, in dessen Innerem die an Straußenfedern erinnernden, kleineren braunen fertilen (Sporangien tragenden) Wedel sitzen. Der Farn ist relativ selten, kann jedoch, z. B. in Grauerlenwäldern lokal große Bestände bilden (Farnfluren).

▲ **Zweiblüten-Veilchen**
Viola biflora
Veilchengewächse (Violaceae)

Die geruchlosen gelben Blüten sind von Mai bis August in feuchten Geröllhalden und Grobblockfluren bis in Höhen von 3000 m zu sehen. Die Pflanze ist in den ganzen Alpen verbreitet.

▲ Wolfs-Eisenhut, Gelber Eisenhut

Aconitum vulparia agg.
(= A. lycoctonum agg.*)*
Hahnenfußgewächse (Ranunculaceae)

Die stattliche Pflanze ist an ihren hellgelben, helmförmigen Blüten leicht erkennbar. Sie lebt vor allem in hochstaudenreichen Wäldern und Gebüschfluren, weniger an überdüngten Viehlägerstellen, die der Blaue Eisenhut *(Aconitum napellus)* bevorzugt. Gelber wie Blauer Eisenhut sind sehr stark giftig und teilweise geschützt. Hummelblume!

▲ Bäumchen-Weide

Salix waldsteiniana
Weidengewächse (Salicaceae)

Die Bäumchen-Weide ist die häufigste Weide in den subalpinen Kalk-Zwergstrauchgesellschaften. Typisches Merkmal sind ihre elliptisch-lanzettlichen, am Rande mehr oder weniger scharf gesägten und unterseits blaugrünen Blätter. Die Blütenstände (Kätzchen) der Bäumchen-Weide sind deutlich größer als die der Ruch-Weide *(Salix foetida)*. Sie wird in Osttirol (Granatspitz- und Glocknergruppe) auf saurem Gestein durch die Ruch-Weide ersetzt. Nach dem Verblühen (August) fliegen die behaarten Samen als kleine Wattebällchen in der Luft herum.

▲ Stutz-Läusekraut, Gestutztes Läusekraut

Pedicularis recutita
Sommerwurzgewächse i. w. S. bzw. Rachenblütler (Orobanchaceae s. lat. bzw. Scrophulariaceae s. lat.)

Bevorzugter Standort dieses Halbparasiten sind Hochstaudenfluren und feuchte Rasengesellschaften der obermontanen bis subalpinen Stufe. Seine braunroten Kronen haben eine gestutzte Oberlippe (bei manchen anderen Läusekraut-Arten sind sie geschnäbelt) und sind Ende Juli schon verblüht. Er ist dann an den langen, fein gefiederten Blättern und an der gedrungenen, kapseltragenden Traube erkennbar.

▲ Hain-Sternmiere

Stellaria nemorum
Nelkengewächse (Caryophyllaceae)

Diese zerbrechliche, Ausläufer treibende Pflanze ist im Unterwuchs hochstaudenreicher Bergwälder und Grünerlengebüsche relativ häufig. Mit ihren fünf tief zweispaltigen und strahlend weißen Kronblättern hebt sie sich vom Grün der Umgebung ab. Sie blüht von Mai bis September.

▲ Meisterwurz

Peucedanum ostruthium

Doldenblütler (Apiaceae)

Der deutsche Name „Meisterwurz" weist auf die Heilkräfte dieser Pflanze hin, die deswegen früher auch kultiviert wurde. Die Wurzel ist wichtiger Bestandteil der Kräuterliköre. Die bis zu 1 m hohe Pflanze wächst in Hochstaudenfluren der subalpinen Stufe, besitzt einen Ausläufer treibenden, aromatischen Wurzelstock und mächtige, 3-zählig gefiederte Blätter. Die Blütendolde weist bis zu 50 Strahlen auf und blüht weiß.

Spalierheiden

(Loiseleurio-Cetrarietum, Empetro-Vaccinietum gaultherioidis)

Windgefegte, schneearme Kuppen und Rücken der unteren Alpinstufe zwischen 2100 und 2500 m werden von einem niedrigwüchsigen, immergrünen Spalierstrauch, der Gämsheide *(Loiseleuria procumbens)*, eingenommen. Der Boden ist meistens ein saurer Silikatrohboden (Ranker) oder ein Zwergpodsol. Die Gämsheide kann mit ihren Rollblättern sowohl die Verdunstung bei Wind stark herabsetzen als auch in Frostwechselzeiten oberflächliches Schmelzwasser aufnehmen, wobei ihr sprossbürtige Wurzeln helfen. Ansonsten widerstehen nur wenige Pflanzen der Kälte und dem Wind dieses Standortes. An Blütenpflanzen sind es z. B. Dreiblatt-Simse *(Juncus trifidus)*, Grasblatt-Teufelskralle *(Phyteuma hemisphaericum)* und Alpen-Habichtskraut *(Hieracium alpinum)*. Auch die Teufelsklaue *(Huperzia selago)* hält es hier noch aus. Am besten sind jedoch die Flechten an die Austrocknung und Kälte angepasst; unter ihnen vor allem die Schneeflechte *(Cetraria nivalis)*, die Kappen-Strauchflechte *(Cetraria cucullata)*, verschiedene Windbartflechten *(Alectoria ochroleuca, Alectoria nigricans)*, die Islandflechte *(Cetraria islandica, Cetraria crispa)* und die Wurmflechte *(Thamnolia vermicularis)*. Der Gämsheideteppich (Loiseleurio-Cetrarietum), wie diese Gesellschaft auch genannt wird, bildet häufig reliefbedingte Komplexe mit dem Krummseggenrasen.

Weniger windausgesetzt und daher meist am Rande des Gämsheideteppichs anzutreffen, ist die Krähenbeer-Rauschbeer-Heide (Empetro-Vaccinietum) mit den Charakterarten *Empetrum hermaphroditum* und *Vaccinium gaultherioides*. Diese Zwergstrauchheide bildet den Übergang zur schneeschutzbedürftigen Alpenrosenheide. Neben zahlreichen Flechten wie der auch hier vorkommenden Islandflechte *(Cetraria islandica)*, der Rentierflechte *(Cladonia rangiferina)*, der Bäumchenflechte *(Cladonia mitis* und *Cladonia arbuscula)*, der Becherflechte *(Cladonia pyxidata)* und einigen anderen Flechten *(Cladonia elongata, Cladonia alpestris)* ist auch der Alpen-Flachbärlapp *(Diphasiastrum alpinum)* recht häufig.

Sekundär besiedelt die Gämsheide sanfte Erhebungen innerhalb des Bürstlingrasens, die Krähenbeer-Rauschbeer-Heide findet sich bisweilen auch auf Felsblöcken innerhalb des Waldes.

Spaliersträucher wie Silberwurz *(Dryas octopetala)* und Quendel-Weide *(Salix serpillifolia)* sind Pioniere auf trockenem, kalkhältigem Schieferschutt und auf Felsbändern. Die Stumpfblatt-Weide *(Salix retusa)* und die Netz-Weide *(Salix reticulata)* bevorzugen hingegen skelettreiche Böden mit einer langen Schneebedeckung. Meistens mit dabei ist das Echte Kräuselmoos *(Tortella tortuosa)*.

Die Kalk anzeigenden Arten sind in den Hohen Tauern nur an wenigen Stellen und dort nur selten flächendeckend anzutreffen. Einige Vorkommen seien jedoch erwähnt: die Sonnseite des Virgentales und des Tauerntales bei Matrei (zwischen Glanz und der inneren Steiner Alpe), das hintere Ködnitztal ober Kals, der Hang oberhalb von Heiligenblut am Weg ins Gößnitztal und beim Margaritzen-Stausee, die Kalkmarmore der Großfragant (oberstes Striedental/Makernispitze, Felsrippen des Ecks), das innere Pfandlbachtal und das Piffkar nördlich der Edelweißspitze.

Ofenspitze, Fraganter Berge

▲ Gämsheide, Alpenazalee

Loiseleuria procumbens
(= Kalmia procumbens)
Heidekrautgewächse (Ericaceae)

Der dem Boden angepresste, reich verzweigte Spalierstrauch bildet ausgedehnte Teppiche auf windausgesetzten Kuppen oder Graten, die auch im Winter schneefrei bleiben. Die kleinen, wintergrünen, ledrigen Blätter sind, um ja nicht zu viel Wasser abzugeben, am Rande umgerollt (Transpirationsschutz); sie sind sogar imstande, anfallendes Schmelzwasser aufzunehmen. Die rosaroten Blütenglöckchen erscheinen je nach Höhenlage (1600–3000 m) im Juni oder Juli.

▲ Islandflechte (= „Isländisches Moos")

Cetraria islandica
Flechten (Lichenes)

Das „Isländische Moos" ist kein Moos, sondern eine Strauchflechte mit ½ cm breiten Ästchen (Lager), die im Volksmund „Graupn" genannt werden. Sie werden in der Volksheilkunde als Schleim lösendes Mittel (in Milch aufgekocht verschwinden die Bitterstoffe) verwendet. In Apotheken ist diese Flechte unter der Bezeichnung „Lichen islandicus" als Bronchitismittel erhältlich. Die Pflanze kommt in Wäldern und in Zwergstrauchgesellschaften relativ häufig vor. An windausgesetzten Graten wird sie bisweilen durch die Schneeflechte *(Cetraria nivalis)* ersetzt.

▲ **Windbartflechte**
Alectoria ochroleuca
Flechten (Lichenes)

Es handelt sich um eine Strauchflechte mit feinen, bleichgelben, verzweigten Ästchen, die einem Bart ähnlich sehen. Sie und die seltenere Schwärzliche Windbartflechte (*Alectoria nigricans*) mit dunklen Astspitzen sind in windausgesetzten Zwergstrauchgesellschaften der Alpinstufe zu Hause.

▼ **Wurmflechte, Totengebeinflechte**
Thamnolia vermicularis
Flechten (Lichenes)

Der Name bezieht sich auf die hohlen, bleichen Thallusäste, die meistens in kleinen Gruppen zwischen Gämsheide oder Krumm-Seggen liegen.

▲ **Teufelsklaue**
Huperzia selago
Bärlappgewächse (Lycopodiaceae)

Der gabelig verzweigte, aufsteigende Spross trägt leicht abstehende, nadelförmige Blätter. Die Teufelsklaue wächst gerne zwischen schattigen, moosigen Felsblöcken, aber auch in hoch gelegenen Nadelwäldern und in Zwergstrauchheiden.

▼ **Zwitter-Krähenbeere**
Empetrum hermaphroditum
Krähenbeerengewächse
bzw. Heidekrautgewächse i. w. S.
(Empetraceae bzw. Ericaceae s. lat.)

Der teppichbildende, reich verzweigte Zwergstrauch ist an seinen schmalen, immergrünen Rollblättern und den schwärzlichen, süsslich schmeckenden, essbaren Beeren gut zu erkennen. Die unscheinbaren blasrosa Blüten kommen im Juli zum Vorschein. Bevorzugte Standorte sind saure, rohhumusreiche Stellen innerhalb der Zwergstrauchgesellschaften und der Lärchen-Zirben-Wälder.

▲ **Silberwurz**
Dryas octopetala
Rosengewächse (Rosaceae)

Die Blätter dieses vor allem in Kalkrasen und auf Kalkrohböden wachsenden Spalierstrauches sind immergrün, auf der Oberseite dunkelgrün glänzend, auf der Unterseite weißfilzig. Die große, weiße Blüte weist 7 bis 8 Kronblätter auf; der Griffel verlängert sich zur Fruchtzeit und ist fedrig behaart. Herabgeschwemmt kommt die Silberwurz auch im Flussschotter tieferer Lagen vor. Ihre Gesamtverbreitung ist arktisch-alpin.

▲ **Alpen-Flachbärlapp, Alpen-Bärlapp**
Diphasiastrum alpinum
(= Lycopodium alpinum)
Bärlappgewächse (Lycopodiaceae)

Das langsamwüchsige, 5 cm hohe Bärlappgewächs ist durch büschelartig wachsende, vierkantige Triebe und schuppenförmige Blätter gekennzeichnet. Die kurzgestielte, hellgrüne Sporenähre erscheint im August oder September. Der Alpen-Flachbärlapp gedeiht in trockenen Zwergstrauchheiden und in Magerrasen, meist unter Felsblöcken zwischen 1700 und 2400 m.

Lägerfluren

(Rumicetum alpini, Peucedanetum ostruthii, *Deschampsia cespitosa*-Gesellschaft)

Überall dort, wo es zu einer Anreicherung von Exkrementen durch Weidevieh und durch Wild kommt, entwickeln sich eigene Lebensräume, die durch Stickstoff liebende und weideresistente Kräuter charakterisiert sind. Wohl zu den auffallendsten Erscheinungen in der Umgebung von Almhütten gehören die Massenbestände mit Alpen-Ampfer *(Rumex alpinus)* und Groß-Brennnessel *(Urtica dioica)*. Sie grenzen die Sammel- und Ruheplätze vor den Ställen ein und sind relativ langlebige Gesellschaften, die auch nach dem Auflassen der Almen noch jahrzehntelang sichtbar sind. Außer dem Berg-Ampfer und der Brennnessel gedeihen als weitere Stickstoff liebende Pflanzen Alpen-Greiskraut *(Senecio cordatus = Senecio alpinus)*, Guter Heinrich *(Chenopodium bonus-henricus)*, Scharf-Hahnenfuß *(Ranunculus acris)*, Hain-Sternmiere *(Stellaria nemorum)*, Dorn-Hohlzahn *(Galeopsis tetrahit)* und Quellen-Hornkraut *(Cerastium fontanum)*. Gräser fehlen auf den durch Viehtritt völlig zerstörten Böden und stellen sich erst in einer gewissen Entfernung von den Stalleingängen ein, wobei sich die Rasenschmiele *(Deschampsia cespitosa)* neben dem Alpen-Lieschgras *(Phleum alpinum s. l.)* und dem Läger-Rispengras *(Poa supina)* am besten durchzusetzen vermag. Weitere Verbreitungsschwerpunkte dieser trittfesten Fluren sind Mulden und Senken mit einem höheren Feuchtigkeits- und Nährstoffgehalt im Boden sowie Grate und Gipfelplateaus, auf denen aufgrund der längeren Sonnenscheindauer und der ständigen Windbewegung das Vieh gerne lagert. Als typische Weidezeiger wachsen zwischen den dunkelgrünen Horsten der Rasenschmiele Alpen-Kratzdistel *(Cirsium spinosissimum)*, Weiß-Germer *(Veratrum album)* und Tauern-Eisenhut *(Aconitum tauricum)*. An weniger beanspruchten Stellen leiten Alpen-Mutterwurz (*Mutellina adonidifolia*), Gold-Pippau *(Crepis aurea)*, Gold-Fingerkraut *(Potentilla aurea)*, Berg-Nelkenwurz *(Geum montanum)*, Berg-Hahnenfuß *(Ranunculus monta-*

nus) und Frauenmantel (*Alchemilla* spp.) zu den „Milchkrautweiden" über. Bei längerer Bodendurchfeuchtung stellen Braun-Segge *(Carex nigra)*, Platanen-Hahnenfuß *(Ranunculus platanifolius)*, Alpen-Mastkraut *(Sagina saginoides)* und Dreigriffel-Hornkraut *(Cerastium cerastoides)* den Übergang zu den Feuchtgesellschaften bzw. in höheren Lagen zu den Schneebodengesellschaften her.

Königsberg / NP Berchtesgaden

▲ Alpen-Ampfer
Rumex alpinus
Knöterichgewächse (Polygonaceae)

Der Alpen-Ampfer kennzeichnet mit seinen riesigen, bis 50 cm langen und 30 cm breiten Blättern die Umgebung der Viehställe und Sennhütten. Er bildet oft so dichte Bestände, dass darunter kaum andere Pflanzen wachsen können. Die Blütenrispe trägt unscheinbare eingeschlechtige Blüten. Nach dem Verblühen umhüllen wie bei allen Ampfer-Arten die inneren Perigonblätter die Nussfrucht, die dadurch ein geflügeltes Aussehen erhält.

▲ Frauenmantel (inklusive Silbermantel)

Alchemilla spp.
Rosengewächse (Rosaceae)

Die Gattung *Alchemilla* zeichnet sich durch zahlreiche, einander ähnliche, schwer bestimmbare Arten („Kleinarten") aus.
In den Hohen Tauern wachsen rund 30 Arten mit rundlich-nierenförmigen, handförmig gelappten, fächerförmig gefalteten Blättern mit kerbzähnigem Rand (wie im Bild).
Sowohl Frauenmantel als auch Silbermantel sind traditionelle Volksarzneipflanzen.
Am Blattrand sammeln sich Wassertröpfchen, die nicht üblicher Tau sind, sondern aus besonderen Wasserspalten ausgeschieden werden (Guttation).
Die meisten Arten wachsen an feuchten, nährstoffreichen Standorten, in Almmatten und in Quellfluren.

▲ **Alpen-Kratzdistel, Vielstachel-Kratzdistel**
Cirsium spinosissimum
Korbblütler (Asteraceae)

Diese Kratzdistel ist ein lästiges Unkraut in vielen Weiden. Sie wird bis zu 1 m hoch und weist ringsum dornig gezähnte Blätter auf. Die Körbe an der Stängelspitze werden von bleichgelben, ebenfalls dornig gezähnten Hochblättern umgeben. Die Pflanze blüht von Juli bis September und steigt bis 3000 m empor.

▲ **Guter Heinrich**
Chenopodium bonus-henricus
Gänsefußgewächse (Chenopodiaceae)

Diese Gänsefußart, auch Dorf-Gänsefuß genannt, wächst gewöhnlich im Umfeld menschlicher Siedlungen, um Ställe, Sennhütten und an Dorfstraßen. Sie besitzt dreieckige, spießförmige Blätter, die im jungen Zustand wie Spinat gegessen werden. Die unscheinbaren Blüten sind zu Knäueln vereinigt und werden hauptsächlich vom Wind bestäubt.

▲ Alpen-Mutterwurz

Mutellina adonidifolia
(= Ligusticum mutellina)
Doldenblütler (Apiaceae)

Die würzig riechende Pflanze kommt in allen frischeren Pflanzengesellschaften der Alpen gesellig vor. Die Blüten sind rosa bis weiß. Sie ist eine wertvolle Futterpflanze („Milchkrautweiden") und dokumentiert gute Nährstoffverhältnisse im Boden.
Die Zwerg-Mutterwurz *(Pachypleurum mutellinoides)* unterscheidet sich von der Alpen-Mutterwurz durch mehrere Hüllblätter aufgrund der Doppeldolde und ihre Vorliebe für saure Böden in größeren Höhen.

▲ Tauern-Eisenhut

Aconitum tauricum
(= A. napellus subsp. tauricum)
Hahnenfußgewächse (Ranunculaceae)

Es empfiehlt sich, die großen, tiefblauen Blüten einmal genauer anzusehen: Von den fünf Kronblättern ist das oberste zum „Helm" umgewandelt. In ihm befinden sich zwei langgestielte, gespornte Honigblätter. Die zwei äußeren Kronblätter sind flügelartig und bärtig. Die Staubblätter mit dem Pollen sitzen vor dem Eingang des Helms und werden vom Nektar saugenden Insekt abgestreift. Die bis zu 1 m hohe Pflanze gedeiht am besten in gut gedüngten Wiesengesellschaften. In Wildlägern steigt sie bis 3000 m empor. Der Tauern-Eisenhut und seine Verwandten zählen zu den giftigsten Pflanzen der heimischen Flora.

Fettwiesen

(Arrhenatheretum s. l.; Trisetetum flavescentis)

Im Gegensatz zu den meist einschürigen „Bergmähdern" und „Alm-Dungwiesen" werden die „Fettwiesen" zwei- bis dreimal im Jahr gemäht. Manche dieser Wiesen werden zusätzlich zur wirtschaftseigenen organischen Düngung auch mineralisch gedüngt. Sie befinden sich hauptsächlich in den Talniederungen, wobei die Glatthaferwiese (Arrhenatheretum elatioris) bis 1000 m, im Süden bis 1300 m, die Goldhaferwiese (Trisetetum flavescentis) bis 1200 m bzw. bis 1500 m reicht. Weitere Kulturmaßnahmen wie Be- oder Entwässerung garantieren selbst in den höher gelegenen Gebieten einen guten Heuertrag von 6000 bis 9000 kg Trockenmasse je Hektar und Jahr. Nach der Rückkehr des Almviehs im Herbst werden die Wiesen in der Regel beweidet.

Für die Artenzusammensetzung spielen weniger die Meereshöhe als vielmehr der Wasserhaushalt eine entscheidende Rolle. Nur in den tiefer gelegenen Fettwiesen finden sich Wiesen-Bärenklau *(Heracleum sphondylium)*, Kohl-Kratzdistel *(Cirsium oleraceum)*, Wiesen-Kerbel *(Anthriscus sylvestris)*, Glatthafer *(Arrhenatherum elatius)*, Wiesen-Rispe *(Poa pratensis)* und Timothee = Wiesen-Lieschgras *(Phleum pratense)*. Sie können als Trennarten zu den höher gelegenen Goldhaferwiesen gelten, in denen neben Goldhafer *(Trisetum flavescens)*, Scharf-Hahnenfuß *(Ranunculus acris)*, Wiesen-Sauerampfer *(Rumex acetosa)*, Echt-Löwenzahn *(Taraxacum sect. Ruderalia)*, Groß-Bibernelle *(Pimpinella major)*, Wimper-Kälberkropf *(Chaerophyllum hirsutum)*, Frauenmäntel *(Alchemilla* spp.), Wiesen-Klee *(Trifolium pratense)* und Wiesen-Ruchgras *(Anthoxanthum odoratum)* die Hauptmasse in der Krautschicht ausmachen. Einen höheren Feuchtigkeitsgehalt im Boden zeigen Trollblume *(Trollius europaeus)*, Rasenschmiele *(Deschampsia cespitosa)*, Schlangen-Knöterich *(Persicaria bistorta = Polygonum bistorta)*, Kriech-Hahnenfuß *(Ranunculus repens)*, Frühlings-Krokus *(Crocus albiflorus)*, Sumpfdotterblume *(Caltha palustris)* und Graben-Rispe *(Poa trivialis)* an. Bodentrockenheit charakterisieren Echt-Wundklee *(Anthyllis vulneraria)*, Wiesen-Salbei *(Salvia pratensis)*, Tauben-Skabiose *(Scabiosa columbaria)*, Alpen-Kreuzblume *(Polygala alpestris)*, Mittel-Wegerich *(Plantago media)* und Flaumhafer *(Homalotrichon pubescens)*. Auf ausgehagerten und leicht versauerten Böden bildet das Rot-Straußgras *(Agrostis capillaris)* ausgedehnte Bestände. Je nach Bodenverhältnissen und Nutzung gibt es in beiden Wiesentypen eine Vielzahl von Ausbildungen.

Zum Beispiel bewirkt übertriebener Gülleeinsatz eine explosive Vermehrung der Ampfer-Arten und des Löwenzahns. Selektive Unkrautbekämpfung und Bodenverletzung fördern auf den kahlen Stellen Ausläufer bildende Arten wie Acker-Quecke *(Elymus repens)* oder an nassen Stellen Kriech-Hahnenfuß *(Ranunculus repens)*, während die Horstgräser unterdrückt werden. Die laufende Verschiebung der Konkurrenzverhältnisse schafft speziell in den stärker beweideten Bergwiesen ein ständig neues Artengefüge, das aus botanischer Sicht wohl sehr interessant ist, für den Landwirt jedoch einen eher unerwünschten Fleckerlteppich bedeutet.

An der Großglockner Hochalpenstraße

▲ **Kohl-Kratzdistel, Kohldistel**
Cirsium oleraceum
Korbblütler (Asteraceae)

Die recht ansehnliche Pflanze ist an ihren gelblich weißen, endständigen, dicht beieinander stehenden und von großen, bleichgrünen Deckblättern umhüllten Blütenkörben leicht erkennbar. Die stängelumfassenden, fiederlappigen Blätter sind weichdornig und stechen kaum. Die Pflanze kommt in feuchten, nährstoffreichen Wiesen und an Gräben bis etwa 2000 m vor.

▲ **Frühlings-Krokus**
Crocus albiflorus
Schwertliliengewächse (Iridaceae)

Nach der Schneeschmelze gehört der Frühlings-Krokus zu den ersten Frühlingsboten vieler Wiesen. Die Blüten sind entweder weiß oder wie im Bild lila. Im Sommer sind nur mehr die schmalen, grasartigen, mit einem weißlich-häutigen Mittelstreifen versehenen Blätter zu sehen. Tief im Boden sammelt die Knolle Reservestoffe für das nächste Frühjahr. Die Verbreitung des Frühlings-Krokus reicht von der Ebene bis 2700 m.

▲ **Groß-Bibernelle**
Pimpinella major
Doldenblütler (Apiaceae)

Dieses als Heilpflanze geschätzte Kraut ist eine nahe Verwandte des Anis *(Pimpinella anisum)*. Es wird bis zu 1 m hoch und besitzt unpaarig gefiederte Blätter. Die großen Dolden blühen weiß oder rosa.
Die auf trockenen Magerwiesen vorkommende Klein-Bibernelle *(Pimpinella saxifraga)* wird nur etwa 50 cm hoch und hat einen stielrunden Stängel (S. 95).

▲ **Wiesen-Platterbse**
Lathyrus pratensis
Schmetterlingsblütler (Fabaceae)

So wie der Wiesenklee ist auch die Wiesen-Platterbse eine wertvolle Futterpflanze. Ihre lebhaft gelben Blüten locken vor allem Bienen an, die beim Aufsaugen des Nektars vom Blütenboden an der Griffelbürste anstreifen und dabei den Pollen mitnehmen. Die Samen werden durch Zurückschnellen der Hülsenklappen weit fortgeschleudert.

▲ Echt-Löwenzahn, Wiesen-L.

Taraxacum sect. Ruderalia
(= T. officinale agg.*)*
Korbblütler (Asteraceae)

Schon von weitem fallen im Frühjahr die mit Löwenzahn bestandenen Wiesen durch ihre gelbe Farbe auf. Große Bestände zeigen stark gedüngte Fettwiesen („Intensivwiesen") an. Das Milchsaft führende Gewächs besitzt schrotsägeförmige Blätter und eine tiefe Pfahlwurzel, die früher geröstet wurde und als Kaffee-Ersatz diente. Die Früchte haben einen langen Schnabel und einen Pappus aus einfachen Haaren, so dass sie der Wind leicht forttragen kann („Pusteblume").

▲ Scharf-Hahnenfuß

Ranunculus acris
Hahnenfußgewächse (Ranunculaceae)

Im Herbst, wenn die meisten anderen Pflanzen schon abgeweidet sind, stehen noch die gelb blühenden Triebe des Scharfen Hahnenfußes. Dies hat seinen Grund in der Giftigkeit der Pflanze, weshalb sie vom Weidevieh gemieden wird und übrig bleibt. In den höher gelegenen Weiderasen wird der Scharfe Hahnenfuß durch den kleineren, meist unverzweigten und ungiftigen Berg-Hahnenfuß *(Ranunculus montanus)* ersetzt.

▲ **Wiesen-Bärenklau**
Heracleum sphondylium
Doldenblütler (Apiaceae)

Der deutsche Gattungsname bezieht sich auf die großen, rauen, an Bärentatzen erinnernde Blätter, der lateinische auf den kräftigen Wuchs der Pflanze, die bis zu 1 ½ m hoch werden kann. In reichlich organisch gedüngten Wiesen tritt die Bärenklau nach dem ersten Schnitt massenhaft auf.

▲ **Trollblume, „Butterrose"**
Trollius europaeus
Hahnenfußgewächse (Ranunculaceae)

Die goldgelbe Blütenhülle besteht aus vielen, kugelig zusammengeneigten Perigonblättern; zwischen diesen und den Staubblättern befinden sich schmale Nektarblätter. Im Blüten-Inneren fangen sich kleine Fliegen, die als Bestäuber fungieren. Die Früchte sind Balgkapseln. Die bis etwa 60 cm hohe Pflanze bevorzugt feuchte Wiesen (in Tallagen), Rostseggen-Bergmähder und Hochstaudenfluren; sie ist giftig und teilweise geschützt.

Alm-Dungwiesen und Bergmähder

(Alchemillo-Poetum supinae, Deschampsio cespitosae-Poetum alpinae, Festucetum rubrae s. l., Sieversio-Nardetum u. a.)

Krimmler Achental

Mit zunehmender Höhe nimmt die Intensität der Bewirtschaftung rasch ab. Die Alm-Dungwiesen werden noch ein bis zweimal im Jahr gemäht und organisch gedüngt, die Bergmähder erhalten höchstens einmal im Jahr einen Schnitt, wobei günstiger gelegene und leichter zugängliche Almen intensiver genutzt werden als abgelegene. Vielfach werden diese wegen Unwirtschaftlichkeit völlig vernachlässigt. Das Heu wird in den nahe gelegenen Almhütten gelagert und z. T. auch überwintert. Nach der Mahd wird das Vieh aufgetrieben.

Gegenwärtig befinden sich die höchsten bewirtschafteten Alm-Dungwiesen (Sennalmen) an der Südseite der Hohen Tauern und reichen bis 1700/1800 m. Bei den Bergmähdern liegt die Obergrenze bei 2200/2300 m (Virgental). Nördlich des Alpenhauptkammes gibt es im Krimmler Achental noch 20 Talalmen, meist Sennalmen, wobei die Innerkeesalm in 1808 m Höhe noch regelmäßig bewirtschaftet wird. Bezüglich der Artenzusammensetzung unterscheiden sich die Alm-Dungwiesen nur wenig von den Goldhaferwiesen. Regelmäßige Vertreter in den bewirtschafteten Almen sind Alpen-Lieschgras *(Phleum alpinum s. l.)*, Alpen-Rispengras *(Poa alpina)*, Horst-Rot-Schwingel *(Festuca nigrescens)*, Grannen-Klappertopf *(Rhinanthus glacialis)*, Berg-Hahnenfuß *(Ranunculus montanus)*, Schweiz-Leuenzahn *(Leontodon helveticus)*, Gold-Pippau *(Crepis aurea)*, Kugel-Teufelskralle *(Phyteuma orbiculare)* und Scheuchzer-Glockenblume *(Campanula scheuchzeri)*. Auch für die Alm-Dungwiesen können, so wie für die Fettwiesen, je nachdem Bodenwasserhaushalt feuchte, frische und trockene Ausbildungen mit entsprechenden Zeigerpflanzen unterschieden werden.

Die Bergmähder sind an den südexponierten Hängen am schönsten und reichhaltigsten ausgebildet. Pflanzensoziologisch handelt es sich entweder um Goldhafer-Wiesen (Trisetetum flavescentis) oder um krautreiche Bürstling-Rasen (Sieversio-Nardetum).

Sofern die Wiesen längere Zeit nicht gemäht und beweidet werden, finden sich in ihnen einige seltene Arten wie Allermannsharnisch *(Allium victorialis)* und Hängeblüten-Tragant *(Astragalus penduliflorus)*. Außerdem auf saurem Substrat: Arnika *(Arnica montana)*, Bart-Glockenblume *(Campanula barbata)*, Blutwurz *(Potentilla erecta)*, Betonien-Teufelskralle *(Phyteuma betonicifolium)*, Alpen-Ruchgras *(Anthoxanthum alpinum)*, Bunthafer *(Avenula versicolor)* und Bürstling *(Nardus stricta)*. Auf frischem, basenreichem Substrat: Hornklee *(Lotus corniculatus)*, Glanz-Skabiose *(Scabiosa lucida)*, Alpen-Küchenschelle *(Pulsatilla alpina)*, Gelb-Betonie *(Betonica alopecuros)* und Rhellicanus-Kohlröschen *(Nigritella rhellicani)*. Tiefergründige Böden mit längerer Durchfeuchtung und höherem Basengehalt werden von Rotschwingelrasen („Festucetum nigrescentis") besiedelt. Sie sind vor allem in den nordseitigen Tauerntälern anzutreffen und enthalten neben Horst-Rot-Schwingel *(Festuca nigrescens)* und Alm-Klee *(Trifolium thalii)* noch Schneeweiß-Wiesen-Klee *(Trifolium pratense subsp. nivale)*, Berg-Nelkenwurz *(Geum montanum)*, Berg-Hahnenfuß *(Ranunculus montanus)*, Wiesen-Leuenzahn *(Leontodon hispidus)*, Knöllchen-Knöterich *(Persicaria vivipara)*, Horst-Segge *(Carex sempervirens)* und Dreiblatt-Simse *(Juncus trifidus)*. Der Mahd bzw. Beweidungseinfluss macht sich in einem mehr oder weniger hohen Anteil von Bürstling und dessen Begleitflora bemerkbar. Je geringer die Beweidung, desto besser gedeihen die hochwüchsigen Gräser.

Es sei an dieser Stelle nochmals darauf hingewiesen, dass es sich bei allen Wiesentypen um keine starren Einheiten handelt, sondern um dynamische Gebilde, deren Artengarnitur sich ganz allmählich umwandelt, wobei gewisse Elemente wie Scheuchzer-Glockenblume *(Campanula scheuchzeri)*, Gewöhnliches Ruchgras *(Anthoxanthum odoratum)*, Schweiz-Leuenzahn *(Leontodon helveticus)* oder Gold-Pippau *(Crepis aurea)* praktisch in allen Gesellschaften vertreten sind.

▲ **Lebendgebärendes Alpen-Rispengras, Alpen-Rispe**
Poa alpina var. vivipara
Süßgräser (Poaceae)

Diese Art tritt in Form zweier Varietäten auf. Bei der im Bild gezeigten pseudoviviparen („lebendgebärenden") Varietät erfolgt die Vermehrung nicht durch Samen, sondern vegetativ, indem an den Ährchen anstelle der Blüten Brutknöllchen zu jungen Pflänzchen auswachsen, die dann abfallen und als Stecklinge Wurzeln schlagen. Die geschätzte Futterpflanze wächst in allen nährstoffreichen Rasenbeständen bis über 2500 m.

▲ **Knöllchen-Knöterich, Lebendgebärender Knöterich**
Persicaria vivipara
(= Polygonum viviparum, Bistorta vivipara)
Knöterichgewächse (Polygonaceae)

Diese Art entwickelt im unteren Teil der Ähre dunkelbraune Brutknöllchen (Bulbillen), die sich von der Pflanze loslösen und zu neuen Pflänzchen heranwachsen. Der Artbeiname „lebendgebärend" ist unrichtig, denn die Knöllchen keimen meist nicht schon (wie bei der Lebendgebärenden Alpen-Rispe) an der Mutterpflanze. Der Knöllchen-Knöterich ist in fast allen Pflanzengesellschaften der Alpen, von der Talniederung bis zu den Dreitausendern, zu Hause.

▲ Scheuchzer-Glockenblume

Campanula scheuchzeri
Glockenblumengewächse
(Campanulaceae)

Die Pflanze ist an ihren weitglockigen, nickenden Blüten und den schmalen, linealen Blättern leicht zu erkennen. Sie gedeiht überall, wo der Boden nicht zu trocken ist, und kommt als steter Begleiter in fast allen Wiesengesellschaften der Alpen vor.

▲ Rundkopf-Teufelskralle

Phyteuma orbiculare
Glockenblumengewächse
(Campanulaceae)

Typisch sind die fast sitzenden, krallenartig gekrümmten Blüten, bei dieser Art meist 10–30 im kugeligen Köpfchen. Die Grundblätter sind lang gestielt und eiförmig, die Stängelblätter sind sitzend und lanzettlich. Die Pflanze ist sehr variabel, bis 50 cm hoch und bevorzugt basenreiche Wiesen und Moore bis über 2000 m.

▲ **Gewöhnlich-Brunelle**
Prunella vulgaris
Lippenblütler (Lamiaceae)

Es handelt sich um eine unauffällige Pflanze, die jedoch in den meisten Wiesen recht häufig ist. Die Gebirgsform unterscheidet sich von der Tieflandform durch einen gedrungenen Wuchs und eine intensive Färbung der Blätter und Blüten (Höhenanpassung). Die Kelch- und Hochblätter sind bräunlich gefärbt.
Auf trockenen, kalkreichen Böden wird die Gewöhnlich-Brunelle z. T. durch die Großblütige Brunelle *(Prunella grandiflora)* ersetzt.

▲ **Rhellicanus-Kohlröschen, Westliches Schwarzes Kohlröschen**
Nigritella rhellicani (= N. nigra s. lat.)
Knabenkrautgewächse,
Orchideen (Orchidaceae)

Auffallendes Merkmal sind die intensiv nach Vanille duftenden schwarzpurpurnen Blüten des kopfigen Blütenstandes. Die Orchidee kommt vor allem in sonnigen, etwas kalkhaltigen Rasengesellschaften zwischen 1700 und 2700 m vor. Relativ häufig sind rosa blühende Hybriden mit der Händelwurz (*Gymnadenia* spp.).
Sehr selten trifft man hingegen das rot blühende Rote Kohlröschen *(Nigritella miniata = rubra)* an. Wie alle Orchideen ist auch das Kohlröschen geschützt.

▲ Berg-Nelkenwurz

Geum montanum
Rosengewächse (Rosaceae)

Im Herbst sind die verlängerten Griffel fedrig behaart und verleihen dem Fruchtstand ein bärtiges Aussehen. Die großen gelben Einzelblüten blühen von Juni bis August zwischen leierförmigen Grundblättern. Die Höhenverbreitung reicht von 1600 bis 3000 m.

▲ Grannen-Klappertopf

Rhinanthus glacialis (= Rhinanthus aristatus)
Sommerwurzgewächse i. w. S. bzw. Rachenblütler (Orobanchaceae s. lat. bzw. Scrophulariaceae s. lat.)

Alle Klappertopf-Arten sind sehr formenreich und daher nicht immer leicht zu bestimmen. Beim Grannen-Klappertopf sind die Zähne der Deckblätter grannig verlängert. Im mehr oder weniger kahlen, aufgeblasenen Kelch klappern im Herbst die reifen Samen (Name).
Außer dem Grannen-Klappertopf kommen in den Alpen noch der Kleine Klappertopf *(Rhinanthus minor)* und der Zottel-Klappertopf *(Rhinanthus alectorolophus)* recht häufig vor. Alle Arten sind durchwegs einjährige Halbschmarotzer.

Goldschwingelrasen-Bergmähder

(Hypochoerido uniflorae-Festucetum paniculatae)

Subalpine Mähwiesen, in denen der hochwüchsige Gold-Schwingel *(Festuca paniculata)* bestandbildend auftritt, finden sich nur an einigen Stellen in den Ostalpen. Das hauptsächlich südalpin verbreitete Gras erreicht an der Südabdachung der Hohen Tauern seine Nordgrenze. Hier wächst es in den Prägratner Bergmähdern (Sajat-Mähdern) und auf der Zopatnitzer Alpe südlich von Bichl im Virgental; weiters zwischen Kals-Matreier Törl und Kalser Glocknerlift in 2000 bis 2100 m Höhe, an der Blauspitze (Granatspitzgruppe), in den Pockhorner Wiesen, an der Großglockner-Hochalpenstraße oberhalb von Heiligenblut zwischen 2000 und 2300 m, am Stern im Wolfsbachgraben (Seitenast des Pöllatales), am Bretterich und am Eck in der Großfragant sowie vereinzelt auf der Winklerner Alm (oberhalb von Winklern im Mölltal) und im Wangenitztal.

Früher wurden diese südexponierten Bergwiesen alljährlich genutzt, heute erfolgt die Mahd meist nur in den Jahren, in denen es im Tal infolge zu großer sommerlicher Trockenheit an Futter mangelt. Für eine Beweidung sind diese Wiesen zu steil, auch die Mahd ist oft nur unter Einsatz von Steigeisen möglich. In den französischen Seealpen wurden die honigfarbenen großen Ähren in Kriegszeiten sogar als Brotgetreide gedroschen, auf einigen Almen der Dolomiten wiederum ließ man zwischen benachbarten Parzellen die großen Horste als sichtbare Grenzlinien stehen.

Für eine subalpin-alpine Pflanzengesellschaft ist die durchschnittliche Artenzahl von 53 Arten pro 100 m^2 ausgesprochen hoch. Es überwiegen mastige Kräuter des sauren Bürstlingrasens, die auf den meist sekundären Charakter dieser Gesellschaft hinweisen. Andererseits lassen etliche bodenbasische Arten der Blaugrashalde auf Kalkanteil im Boden (Tauernschieferhülle) und auf mehr Trockenheit schließen. Zu den auffallenden hochwüchsigen Pflanzen

zählen außer dem Gold-Schwingel *(Festuca paniculata)*, Langblatt-Witwenblume *(Knautia longifolia)*, Bart-Nelke *(Dianthus barbatus)*, Alpen-Pracht-Nelke *(Dianthus superbus subsp. alpestris)*, Steirische Teufelskralle *(Phyteuma persicifolium = Ph. zahlbruckneri)*, Kugel-Teufelskralle *(Phyteuma orbiculare)*, Einkopf-Ferkelkraut *(Hypochoeris uniflora)* und Flecken-Johanniskraut *(Hypericum maculatum)*.

Bretterich / Großfragant / Mölltal

▲ Gold-Schwingel
Festuca paniculata
Süßgräser (Poaceae)

Das bis zu 1 m hohe Rispengras weist kräftige, breite, graugrüne Blätter auf, welche Horste bilden. Der Gold-Schwingel ist eines der Hauptgräser der sogenannten Wildheuplanken. Er bevorzugt saure Böden mit geringem Kalkanteil (Kalkglimmerschiefer, Kalkmarmor). Die Pflanze ist deshalb in den Hohen Tauern auf Bereiche der Schieferhülle beschränkt (Kals-Matreier-Törl, Großfragant, Wollinitzen, Pöllatal); sie kommt außerdem noch in den Karnischen und den Gailtaler Alpen, in den Südtiroler Dolomiten, in den französischen Seealpen und auf der Koralpe vor.

▲ Berg-Ringdistel
Carduus defloratus
Korbblütler (Asteraceae)

Im Gegensatz zu den meisten anderen Disteln ist die Berg-Ringdistel weichdornig. Die sehr unterschiedlich gestalteten Blätter (lanzettlich, ungeteilt, grobbuchtig, fiederschnittig) laufen am Stängel herab. Die bis 3 cm breiten Blütenkörbchen sind zur Blütezeit meist etwas nickend und enthalten wie bei der ganzen Distelverwandschaft (Cardueae) nur purpurrote Röhrenblüten; Berg-Ringdisteln kommen auf sommerwarmen, oft steinigen, etwas kalkhaltigen Böden vor, in Geröllweiden, in Rasen und Hochstaudenfluren von den Tallagen bis 3000 m Höhe.

▲ **Langblatt-Witwenblume**
Knautia longifolia
Kardengewächse (Dipsacaceae)

Typische Merkmale sind ganzrandige, lanzettliche, zugespitzte Stängelblätter und 4 bis 5 cm breite purpurne Köpfchen. Die Pflanze wächst zerstreut in subalpinen Rasen und in Hochstaudenfluren und blüht im Hochsommer. Die ähnliche Berg-Witwenblume *(K. maxima = K. dipsacifolia)* hat breitere, kerbsägige Blätter und borstenhaarige Stängel.

▶ **Bart-Nelke**
Dianthus barbatus
Nelkengewächse (Caryophyllaceae)

Bei der in den Alpen relativ seltenen Nelke stehen die Blüten in endständigen Büscheln. Die roten Kronblätter weisen oft konzentrische dunkle Flecken oder Haare (Bart) auf. Bart-Nelken wachsen gerne in sommerwarmen Bergwiesen auf nährstoff- und kalkreichen Böden.

▲ **Alpen-Pracht-Nelke**
Dianthus superbus subsp. alpestris
Nelkengewächse (Caryophyllaceae)

Die purpurrosa gefärbten Kronblätter sind bis über die Mitte fiedrig zerschlitzt, der Kelch ist verwachsen und walzlich. Die Stängelblätter sind lineal-lanzettlich. Die bis 1 m hohe Pflanze findet sich in frischen, leicht basischen Wildheuplanken zwischen 1000 und 2200 m Höhe.

Rostseggen-Bergmähder

(Caricetum ferrugineae)

Rostseggen-Bergmähder besiedeln feuchtere, nährstoffreichere Unterhänge und Hangmulden über karbonatreichem Untergrund. Die aufgrund flachstreichender Wurzelstöcke rasig wachsende Rost-Segge *(Carex ferruginea)* ähnelt mit ihren hangabwärts gebogenen Blättern gekämmten Haaren. Die frischen Rasenbestände enthalten verschiedene Schmetterlingsblütler wie Alpen-Süßklee *(Hedysarum hedysaroides)* und Kälte-Tragant *(Astragalus frigidus)*. An feuchteren Stellen kommen Hochstaudenarten wie Blätter-Läusekraut *(Pedicularis foliosa)*, Trollblume *(Trollius europaeus)* und Allermannsharnisch *(Allium victorialis)* hinzu, an trockeneren Stellen dringen vermehrt Schwingelarten wie *Festuca norica* und *Festuca pulchella* ein. In den Hohen Tauern sind die Rostseggen-Bergmähder meist nur kleinflächig ausgebildet, jedoch weit verbreitet. Sie entmischen sich auf nährstoffreicheren Böden zum Violettschwingelrasen (Trifolio thalii-Festucetum nigricantis) bzw. bei längerer Durchfeuchtung zum Kalkquellmoor der sog. Davallseggengesellschaft (Caricetum davallianae). Früher wurden sie als „Wildheuplanken" einmal pro Jahr gemäht.

Nationalpark Berchtesgaden

▲ Rost-Segge

Carex ferruginea
Riedgrasgewächse, Riedgräser = Sauergräser = Zypergrasgewächse (Cyperaceae)

Die 30 bis 50 cm hohe, lockerrasige Segge weist lockerblütige, übergebogene, schlanke weibliche Ähren und eine schlanke, aufrechte männliche Ähre auf. Das Tragblatt der untersten weiblichen Ähre ist länger als diese. Die Blattscheiden sind dunkelpurpur bis purpurbraun. Rost-Seggen sind vor allem im Bereich der Waldgrenze auf frischen, basen- und nährstoffreichen Böden bestandbildend. Sie liefern ein wertvolles Wildheu.

▲ **Allermannsharnisch**
Allium victorialis
Lauchgewächse (Alliaceae)

Die stark nach Lauch riechende Pflanze hat breite, kurzgestielte Stängelblätter und eine kugelige Dolde aus gelblich weißen Blüten. Sie wächst in gut durchfeuchteten, nährstoffreichen Mulden innerhalb subalpiner Wildheuplanken zwischen 1400 und 2300 m. Der von mehreren gitternetzartigen („kettenhemdartigen") Hüllen umgebenen Zwiebel wurden Zauberkräfte nachgesagt („Siegwurz").

▲ **Blätter-Läusekraut, Durchblättertes Läusekraut**
Pedicularis foliosa
Sommerwurzgewächse i. w. S. bzw. Rachenblütler (Orobanchaceae s. lat. bzw. Scrophulariaceae s. lat.)

Die Pflanze ist in den östlichen Zentralalpen selten. Sie zeichnet sich durch etwa 20 cm lange und 8 cm breite, doppeltgefiederte Blätter aus. Der traubige Blütenstand wird von langen Blättern durchsetzt. Die Unterlippe der hellgelben Krone ist abstehend, die zahnlose Oberlippe ist vorne abgerundet. Bevorzugte Standorte dieses Halbschmarotzers sind Rostseggenrasen und Hochstaudenfluren.

Inneralpine Trockenrasen:

Fingerkraut-Furchenschwingel-Trockenrasen

(Potentillo puberulae-Festucetum sulcatae) und

Gamander-Kammschmielen-Rasenbänder

(Koelerio pyramidatae-Teucrietum montani)

Das Klima im Inneren eines großen Gebirges unterscheidet sich deutlich von jenem in dessen Randbereichen. Dementsprechend verschieden sind Vegetation und Flora. In den (nördlichen und südlichen) Randalpen herrscht subozeanisches Klima (reichlich Niederschläge, relativ milde Winter, nicht zu heiße Sommer), in den Innenalpen hingegen subkontinentales Klima (viel weniger Niederschläge, kalte Winter, sonnige, trockene, heiße Sommer). In den Randalpen herrscht in der Bergstufe daher die Buche (Rotbuche, *Fagus sylvatica*); in den Innenalpen fehlt die Buche („Buchenausschlussgebiete"), es herrschen Fichte *(Picea abies)* und Lärche *(Larix decidua)* und an der Waldgrenze Zirbe *(Pinus cembra)*. Der Nationalpark Hohe Tauern liegt inmitten der Alpen, hauptsächlich in den Innenalpen.

In den tiefen und warmen Lagen der inneralpinen (genauer „inneralpinischen") Trockentäler (Virgental, Matreier Becken, Heiligenblut und Kals) treten teilweise primäre Rasensteppen wie der Fingerkraut-Furchenschwingel-Trockenrasen und Rasenbänder mit Berg-Gamander *(Teucrium montanum)* und Kammschmiele *(Koeleria pyramidata)* auf. Zu den auffallenden Arten dieser Trockenrasen zählen Trockenheitszeiger wie Furchen-Schwingel *(Festuca rupicola)*, Steppen-Lieschgras *(Phleum phleoides)*, Flaum-Fingerkraut *(Potentilla pusilla)*, Eiblatt-Sonnenröschen *(Helianthemum ovatum)*, Zypressen-Wolfsmilch *(Euphorbia cyparissias)*, Klein-Bibernelle *(Pimpinella saxifraga)*, Felsennelke *(Petrorhagia saxifraga)*, Berg-Haarstrang *(Peucedanum oreoselinum)* und Feld-Beifuß *(Artemisia campestris)*. Ebenfalls recht häufig und daher erwähnenswert sind Alpen-Steinquendel *(Clinopodium alpinum)* und Felsen-Zwenke *(Brachypodium rupestre)*.

Die Flora der innenalpischen Trockentäler hat gewisse Gemeinsamkeiten mit jener im pannonischen Gebiet östlich der Alpen. (Noch deutlicher ist der subkontinentale Trockengebietscharakter im obersten Nordtiroler Inntal und noch viel ausgeprägter im Vinschgau Südtirols und im Schweizer Wallis.)

Trockenrasen bei Apriach/Mölltal

▲ **Wiesen-Kammschmiele**
Wiesen-Schillergras
Koeleria pyramidata
Süßgräser (Poaceae)

Das Kalk liebende Ährenrispengras findet sich in trockenen Wiesen und Magerrasen bis in die subalpine Stufe. Die meist flach ausgebreiteten Grasblätter weisen im unteren Teil mit einer Lupe leicht sichbare glasartige, abstehende Wimpern auf.

▲ **Furchen-Schwingel**
Festuca rupicola (= Festuca sulcata)
Süßgräser (Poaceae)

Der Furchen-Schwingel kommt von Natur aus in trockenen Felsrasen und Magerwiesen vor, sekundär besiedelt er auch Straßen- und Bahnböschungen. Die Grasblätter sind eher derb, aufrecht und grasgrün, manchmal auch blaugrün. Die Rispe ist dicht und starr. Spezielle Anpassungen wie eine verstärkte Cuticula können auftreten (Xeromorphosen).

Der Furchen-Schwingel ist von den anderen, durchwegs recht ähnlichen Arten dieser Schaf-Schwingel-Verwandtschaft (*Festuca ovina* agg. s. lat.) nicht leicht zu unterscheiden.

▲ **Berg-Gamander**
Teucrium montanum
Lippenblütler (Lamiaceae)

Der Berg-Gamander ist in den Hohen Tauern relativ selten in inneralpinen Trockentälern anzutreffen. Dort wächst er in trockenen Felsfluren, Föhrenwäldern und Trockenrasen, aber immer auf kalkreichem Boden. Der bis 20 cm hohe, am Stängel und auf der Blattunterseite weißfilzige Spalierhalbstrauch hat weiße oder blassgelbe Lippenblüten.

▲ **Klein-Bibernelle**
Pimpinella saxifraga
Doldenblütler (Apiaceae)

In Halbtrockenrasen, Magerwiesen und auf Wegböschungen gedeiht die Klein-Bibernelle. Ihre Grundblätter sind einfach gefiedert. Die karottenartig riechende Pfahlwurzel wird arzneilich (Tee) bei Bronchitis angewendet, alkoholische Auszüge eignen sich als Gurgelmittel.
In Fettwiesen findet sich die ähnliche Groß-Bibernelle (*Pimpinella major*, siehe S. 75), die in gleicher Weise verwendet wird.

Blaugras-Horstseggen-Rasen

(Seslerio-Caricetum sempervirentis)

Dieser artenreiche und bunte Naturrasen ist über den aus Kalkglimmerschiefer aufgebauten Schichtflächen der Tauern-Schieferhülle, den sog. „Brettern“ (z. B. entlang der Großglockner-Hochalpenstraße und des Gamsgrubenweges), über den Prasiniten und Kalkmarmoren (z. B. Bretterichmarmor in der Großfragant oder Kareckserie im Pöllatal) und über den Kalkglimmerschiefern im Bereich der Felbertauern und des Kitzsteinhorns großflächig verbreitet. Er fehlt in jenen Gebirgsgruppen, in denen reiner Silikatfels den Untergrund bildet (z. B. Schobergruppe, Lasörlinggruppe, Hoher Sadnig, Ankogelgruppe, Hochalmspitzgruppe). Der Blaugras-Horstseggen-Rasen reicht nicht selten vom Talboden bis in die alpine Stufe, örtlich bis in 2500 m Höhe, was die große Variationsbreite der Artenzusammensetzung erklärt.

Neben karbonatreichen (kalkhältigen) Rendzina- bzw. Kalklehm-Rendzina-Böden sind warme, trockene und früh ausapernde Lagen für das Gedeihen dieses Rasens entscheidend.

Abgesehen von den beiden namengebenden Gräsern, dem Kalk-Blaugras *(Sesleria caerulea)* und der Horst-Segge *(Carex sempervirens)*, kommen in dieser Gesellschaft zahlreiche niedrigwüchsige Schmetterlingsblütler (Fabaceae) vor, welche mit Hilfe von Wurzelknöllchenbakterien den Boden mit Stickstoff anreichern. Es sind dies z. B. Hornklee *(Lotus corniculatus)*, Alpen-Wundklee *(Anthyllis vulneraria subsp. alpestris)*, Kälte-Tragant *(Astragalus frigidus)*, Alpen-Süßklee *(Hedysarum hedysaroides)* und Alpen-Spitzkiel *(Oxytropis campestris)*.

Von den übrigen Arten sind Edelweiß *(Leontopodium alpinum)*, Kopf-Läusekraut *(Pedicularis rostrato-capitata)*, Herzblatt-Kugelblume *(Globularia cordifolia)*, Steinraute auch Weiße Schafgarbe oder Weißer Speik genannt *(Achillea clavennae)*, Alpen-Aster *(Aster alpinus)*, Kriech-Gipskraut *(Gypsophila repens)*, Alpenhelm *(Bartsia alpina)*, Gämsen-Simse *(Juncus jacquinii)*, Alpen-Sonnenröschen *(Helianthemum alpestre)* und Brillenschötchen *(Biscutella laevigata)* typisch. Hochwüchsige Pflanzen wie Gewöhnliche Perücken-Flockenblume *(Centaurea pseudophrygia)* oder Großkopf-Pippau *(Crepis conyzifolia)* sind eher selten und leiten zu den Bergmähdern über.

Die Blaugrashalde oder Blaugrasmatte, wie diese Gesellschaft auch genannt wird, wird bisweilen von Jungvieh und Schafen beweidet.

Der in den Kalkalpen als wind- und kälteharte Dauergesellschaft nach oben hin anschließende Polsterseggenrasen fehlt in den Hohen Tauern, wenn auch die Polster-Segge *(Carex firma)* selbst vereinzelt vorkommt (z. B. Makernispitze/Großfragant, unter dem Wiener Höhenweg im Dorfertal, im Gößnitztal und im hintersten Käfertal).

Venedigergruppe

▲ **Alpen-Wundklee**
Anthyllis vulneraria subsp. alpestris
Schmetterlingsblütler (Fabaceae)

Das Endblättchen ist deutlich größer als die seitlichen Fiedern. Das große Blütenköpfchen setzt sich aus mehreren gelben Schmetterlingsblüten zusammen. Der Stängel ist anliegend behaart, der etwas aufgeblasene Kelch ist weißzottig. Die Pflanze besiedelt trockene, fast immer kalkreiche Böden des Hochgebirges. Der Alpen-Wundklee ist eine Unterart des Gewöhnlichen Wundklees *(Anthyllis vulneraria)*, der im Tiefland und in der Montanstufe zu Hause ist.

▲ **Horst-Segge**
Carex sempervirens
Riedgrasgewächse, Riedgräser = Sauergräser = Zypergrasgewächse (Cyperaceae)

Die Pflanze ist an ihren, relativ langen und etwas derben Blättern, welche einen kleinen, dichten Horst bilden, erkennbar. Im Unterschied zur sehr ähnlichen Rost-Segge *(Carex ferruginea)* besitzt sie u. a. keine Ausläufer. Der Stängel weist am Grund braunrote, faserige Scheidenreste auf. Die männliche Ähre und die 2 bis 3 weiblichen Ähren stehen aufrecht. Verbreitungsschwerpunkte sind basenreiche Blaugrasmatten, aber auch saure Magerwiesen.

▲ Kalk-Blaugras

Sesleria caerulea (= S. albicans = S. varia)
Süßgräser (Poaceae)

Das bestandbildende, 10 bis 30 cm hohe Gras hat flache, bis 5 mm breite, hellgrüne Blätter, deren Mittelnerv deutlich hervortritt. Die bläuliche Ährenrispe ist länglich-oval bis kopfig. Das Gras blüht je nach Höhenlage von April bis September. Es wächst sowohl gesellig in lichten, trockenen Föhren- und Buchenwäldern als auch in kalkreichen alpinen Rasen.

▲ Brillenschötchen

Biscutella laevigata
Kreuzblütler (Brassicaceae)

Aus einer von vielgestaltigen Blättern (ganzrandig bis fiederspaltig, behaart oder kahl) gebildeten Blattrosette entspringt ein höchstens 30 cm hoher, meist nur oben verzweigter Stängel mit einem traubigen, gelben Blütenstand. Die Früchte sind flachgedrückte, brillenförmige Schötchen. Der Kreuzblütler gedeiht in sommerwarmen, kalkhältigen, offenen Steinrasen, in Schutthalden und in trockenen Föhrenwäldern von den Tallagen bis in 2500 m Höhe.

▲ Edelweiß

Leontopodium alpinum
(= L. nivale subsp. alpinum)
Korbblütler (Asteraceae)

Das Edelweiß kam wohl in einer der Eiszeiten aus den asiatischen Gebirgssteppen, wo die Gattung ihre Hauptverbreitung hat, zu uns und wurde zum Wahrzeichen vieler Bergsteigervereinigungen, wie z. B. auch des Oesterreichischen Alpenvereines. Mehrere knopfartige Blütenkörbe werden sternartig von weißfilzigen, zungenförmigen Hochblättern umgeben. Das Edelweiß liebt sonnige, kalkreiche Rasenhänge, wächst aber auch in Felsspalten. Die Art ist überall gänzlich geschützt.

▲ Alpen-Spitzkiel

Oxytropis campestris
Schmetterlingsblütler (Fabaceae)

Es handelt sich um eine kleine Rosettenstaude mit paarig gefiederten, zerstreut behaarten Blättern. Der vielblütige, hellgelbe Blütenstand ist gelegentlich (bei der Unterart *subsp. tirolensis*) blaulila überlaufen. Das Schiffchen der Einzelblüte hat den für Spitzkielarten typischen zahnartigen Kiel an der Spitze. Die Pflanze liebt trockenen, kalkhaltigen Boden. Sie ist arktisch-alpin verbreitet.

▲ Jacquin-Simse, Gämsen-Simse

Juncus jacquinii
Simsengewächse (Juncaceae)

Das Simsengewächs weist stielrunde, steife Blätter auf, welche den Köpfchen-Blütenstand überragen. Diese Simse ist sekundär wieder insektenblütig geworden, worauf die leuchtend rosa gefärbten Narben und die schwefelgelben Staubbeutel hinweisen. Diese Simsenart gedeiht in basenarmen Magerrasen und in frischen Quellmoorhängen über 1600 m Höhe.

▲ Alpen-Sonnenröschen

Helianthemum alpestre
Zistrosengewächse (Cistaceae)

Der kleine, niederliegende, verholzte Halbstrauch besitzt schmal-eiförmige, meist kahle Blätter (keine Nebenblätter) und goldgelbe Blüten. Beim Gewöhnlich-Sonnenröschen (*Helianthemum nummularium* s. lat.) sind Nebenblätter vorhanden und die Blüten deutlich größer.

▲ **Steinraute, Bittere Schafgarbe, Weißer Speik**
Achillea clavennae
Korbblütler (Asteraceae)

Die weißfilzige Staude besitzt unregelmäßgi tief fiederspaltige Blätter. Der weiße Blütenkorb hat schwarz berandete Hüllblätter, die Körbe sind doldenartig angeordnet. Die Pflanze ist an Kalkgestein gebunden, wo sie in lockeren Steinrasen, in Felsspalten und auf Schutthalden vorkommt. Ihre Verbreitung ist auf die Ost- und Südalpen beschränkt.

▲ Herzblatt-Kugelblume

Globularia cordifolia
Kugelblumengewächse bzw. Wegerichgewächse i. w. S.
(Globulariaceae bzw. Plantaginaceae s. lat.)

Der Zwergstrauch ist auf kalkreichen Rohböden ziemlich weit verbreitet und auch in tieferen Lagen anzutreffen. Die Pflanze ist an ihren kugeligen, blaulila gefärbten Blütenköpfchen leicht erkennbar.
Sie blüht von Mai bis September, oft gemeinsam mit dem Kalk-Blaugras *(Sesleria caerulea)* und dem Alpen-Steinquendel *(Clinopodium alpinum = Acinos alpinus)*. Im Hintergrund (mit blauer Blüte) ist der Gamander-Ehrenpreis *(Veronica chamaedrys)* zu sehen.

▲ **Alpen-Aster**
Aster alpinus
Korbblütler (Asteraceae)

Die violettblauen, innen gelben Blütenkörbe wachsen in sonnigen, meist kalkhältigen Steinrasen bis 3000 m Höhe. Sie ist eine charakteristische Pflanze der Blaugrashalden.

▲ **Alpen-Hahnenfuß**
Ranunculus alpestris
Hahnenfußgewächse (Ranunculaceae)

In kalkreichen, durchfeuchteten Rasengesellschaften und zwischen Rohschutt wächst der Alpen-Hahnenfuß, der durch glänzend grüne Blätter und große, leuchtend weiße Einzelblüten auffällt.

▲ Kälte-Tragant, Eis-Tragant, Gratlinse

Astragalus frigidus
Schmetterlingsblütler (Fabaceae)

Die gelblich weiße Blütentraube überragt die gefiederten Blätter meist nur wenig. Letztere sind oberseits kahl, unterseits zerstreut behaart. Die Hülsenfrüchte sind schwach aufgeblasen. Die Pflanze mit arktisch-alpiner Verbreitung ist in den Alpen relativ selten. Sie bevorzugt feuchte, kalkhaltige, nährstoffreiche Böden zwischen 1800 und 2500 m.

▲ Alpenhelm

Bartsia alpina
Sommerwurzgewächse i. w. S. bzw. Rachenblütler (Orobanchaceae s. lat. bzw. Scrophulariaceae s. lat.)

Die dunkelvioletten, zweilippigen Blüten sitzen in den Achseln der obersten Blätter. Die eiförmigen, gekerbten Blätter stehen kreuzgegenständig, in der Blütenregion ist die ganze Pflanze trübviolett überlaufen. Der Halbschmarotzer besiedelt feuchte, nährstoffreiche Böden, Quellmoore und alpine Matten; bisweilen findet man ihn auch in Zwergstrauchheiden. Seine Verbreitung ist arktisch-alpin.

Bürstling-Weiderasen

(Sieversio-Nardetum strictae, Homogyno alpinae-Nardetum)

Der Bürstling-Weiderasen gehört zu den am weitest verbreiteten subalpinen Rasengesellschaften im Nationalpark Hohe Tauern. Der Schwerpunkt liegt in den für das Vieh leicht begehbaren Almen, knapp oberhalb der aktuellen Waldgrenze; er ist sehr oft mit den Zwergstrauchheiden verzahnt. Ausstrahlungen reichen sowohl in den hochmontanen Fichtenwald als auch in die alpinen Krummseggenrasen. Ursprünglich war der Bürstling *(Nardus stricta)* in subalpinen Schneeböden und in Lawinenbahnen sowie an Rändern offener Quellfluren beheimatet, wo die lange Schneebedeckung bzw. die Vernässung Sauerstoffarmut im Boden bewirkte.

Nun werden diese für das Borstgras förderlichen ökologischen Faktoren durch den Viehtritt ersetzt. Der Bürstlingrasen ist auf fast allen versauerten Böden verbreitet, unabhängig von der Gesteinsunterlage (Silikat, Kalk) und dem Niederschlagsangebot (trocken, feucht). Die einförmig und monoton wirkenden Weiderasen enthalten auch bei intensiver Beweidung einige bekannte Alpenpflanzen, die entweder vor oder nach dem Auftrieb des Weideviehs erblühen. Werden die Almen längere Zeit nicht bestoßen, tritt der Bürstling zurück und die Artenvielfalt nimmt zu.

Eng dem Boden anliegende und für das Weidevieh schlecht erreichbare Rosettenblätter besitzen Einkopf-Ferkelkraut *(Hypochaeris uniflora)*, Berg-Arnika *(Arnica montana)*, Berg-Nelkenwurz *(Geum montanum)*, Silikat-Glocken-Enzian *(Gentiana acaulis)*, Alpen-Brandlattich *(Homogyne alpina)*, Silberdistel *(Carlina acaulis)*, Wiesen-Leuenzahn *(Leontodon hispidus)*, Bärtige Glockenblume *(Campanula barbata)*, Gewöhnliches Katzenpfötchen *(Antennaria dioca)*, Kriech-Quendel *(Thymus praecox)*, Pyramiden-Günsel *(Ajuga pyramidalis)* und Gold-Pippau *(Crepis aurea)*.

Zarte krautige Blätter zeichnen Gold-Fingerkraut *(Potentilla aurea)*, Blutwurz (*Potentilla erecta*), Alpen-Labkraut *(Galium anisophyllum)*, Scheuchzer-Glockenblume *(Campanula scheuchzeri)* und Grannen-Klappertopf (*Rhinanthus glacialis*) aus. Derber sind die Blätter von Knollen-Läusekraut *(Pedicularis tuberosa)*, Knöllchen-Knöterich *(Persicaria vivipara)*, Alpen-Küchenschelle *(Pulsatilla alpina)* und Frühlings-Küchenschelle *(Pul-*

satilla vernalis). Die Zwergsträucher wie Besenheide, Heidelbeere, Preiselbeere, Zwergwacholder und Alpenrose stammen aus den Wäldern und deuten ehemalige Waldstandorte an. Grasartig sind die Blätter von Bunthafer *(Avenula versicolor)*, Alpen-Ruchgras *(Anthoxanthum alpinum)*, Drahtschmiele *(Avenella flexuosa)*, Horst-Rot-Schwingel *(Festuca nigrescens)* und Vielblüten-Hainsimse *(Luzula multiflora)*.

Dazwischen wachsen als eher seltene, aber doch charakteristische Arten das hochwüchsige Orangerote Habichtskraut *(Hieracium aurantiacum)*, „Schwarzes" Kohlröschen *(Nigritella rhellicani)*, Weißzüngel *(Pseudorchis albida)*, Hohlzunge *(Coeloglossum viride)* und Mondraute *(Botrychium lunaria)*. Alpen-Kratzdistel *(Cirsium spinosissimum)*; Punktierter Enzian *(Gentiana punctata)* und Rasen-Schmiele *(Deschampsia cespitosa)* charakterisieren nährstoffreichere und feuchtere Standorte innerhalb des Weiderasens.

Die Widerstandsfähigkeit des Bürstlings bringt es mit sich, dass er sich, egal wie die Standortverhältnisse sind, in allen weidebeeinflussten Rasenflächen durchsetzt. Dadurch ergeben sich die verschiedensten Verzahnungen sowohl mit Pflanzengesellschaften unterschiedlicher Höhenlage (Bergmähder, Krummseggenrasen) als auch unterschiedlicher Feuchtigkeitsverhältnisse (Braunseggenrasen, Hartschwingelrasen). Besonders interessant ist an geologischen Nahtstellen das Eindringen des Bürstlingrasens in den Blaugrasrasen.

Habachtal

▲ Silikat-Glocken-Enzian

Gentiana acaulis (= G. kochiana)
Enziangewächse (Gentianaceae)

Der im Frühsommer blühende „stängellose" Enzian bevorzugt, ähnlich wie die Arnika, saure Magerwiesen und Weiden.
Von der nahe verwandten Art *Gentiana clusii*, welche nur in Kalkmagerrasen vorkommt, unterscheidet er sich u. a. durch breite Kelchbuchten, welche durch ein zartes Häutchen verbunden sind. Die Buchten zwischen den Kelchblättern sind bei *Gentiana clusii* spitz.

▼ Silberdistel, Wetterdistel

Carlina acaulis
Korbblütler (Asteraceae)

Die großen Blütenkörbe mit einem Durchmesser bis zu 10 cm werden von silbrig weißen, strahlenden Hüllblättern umgeben. Bei Feuchtigkeit krümmen sie sich hygroskopisch durch stärkere Quellung der Unterseite ein („Wetterdistel"). Der fleischige Korbboden ist als „Jägerbrot" genießbar. Die meist eng am Boden anliegende Pflanze wächst in sonnigen Magerwiesen und Weiden bis etwa 2500 m. Sie meidet extrem saure und extrem basische Böden.

▲ Wiesen-Leuenzahn

Leontodon hispidus
Korbblütler (Asteraceae)

Die Blätter der Blattrosette können kahl oder mit Gabelhaaren versehen sein. Am etwa 20 cm hohen Stängel befindet sich höchstens ein schuppenförmiges Hochblatt. Die in verschiedenen Unterarten vorkommende Pflanze ist von den Tallagen bis 2700 m allgemein und häufig verbreitet. Man findet sie in Wiesen, in Weiden, in Hochstaudenfluren, sogar in Schutthalden und im Flussgeröll. Der Wiesen-Leuenzahn wird vom Vieh sehr gerne gefressen, im Heu ist er jedoch unergiebig. Die Wurzel enthält Inulin, sie wurde in Notzeiten, ähnlich wie Zichorie, als Kaffee-Ersatz verwendet. Die Pflanze ist sehr vielgestaltig und leicht mit dem Schweiz-Leuenzahn *(Leontodon helveticus)* zu verwechseln.

Dieser hat kahle oder mit einfachen Haaren besetzte, ganzrandige oder buchtig gezähnte Blätter; der Stängel ist mit mehreren schwärzlichen, schuppenförmigen Hochblättern besetzt. Die Verbreitung ist ähnlich der des Wiesen-Leuenzahns.

▲ Arnika, Berg-Wohlverleih

Arnica montana
Korbblütler (Asteraceae)

Arnika gehört zu den ältesten Heilpflanzen im Alpenraum. Ihre orangegelben Zungenblüten, in Alkohol eingelegt, ergeben eine desinfizierende und wundheilende Tinktur. Die bis zu 50 cm hoch werdende Pflanze, deren gekreuzt gegenständige, eiförmige Grundblätter eine Rosette bilden, wächst am liebsten in sauren, trockenen Wiesen der oberen montanen Stufe. Sie ist teilweise geschützt.

▲ Mondraute

Botrychium lunaria
Natternzungengewächse
(Ophioglossaceae)

Der nur schwer in Magerwiesen zu entdeckende kleine Farn besteht aus einem aus halbkreisförmigen („halbmondförmigen“) Blättchen zusammengesetzten, assimilierenden Fiederblatt und aus einem rispigen, aus kugeligen Sporenkapseln aufgebauten Sporen tragenden Teil. Die Mondraute reicht bis in die alpine Stufe.

▲ Hohlzunge

Coeloglossum viride (= Dactylorhiza viridis)
Knabenkrautgewächse,
Orchideen (Orchidaceae)

Kleine, unscheinbare Orchidee kalkarmer Magerstandorte. Lippe meist deutlich dreilappig, grünlich bis bräunlich, Sporn kurz und dick. Steigt bis in die alpine Stufe empor und ist wie alle Orchideen geschützt.

▲ Bürstling, Borstgras

Nardus stricta
Süßgräser (Poaceae)

Der Bürstling tritt zwischen 900 und 2600 m oft bestandbildend auf. Die borstenförmig zusammengerollten Blätter bilden dichte Horste, die vom Weidevieh nur ungern angenommen werden. Teilweise werden ganze Horste herausgerissen und liegen verstreut auf dem Boden herum. Die schmalen Ährchen sind einseitswendig angeordnet und blühen zwischen Mai und Juli.

▲ Einkopf-Ferkelkraut
Hypochaeris uniflora
Korbblütler (Asteraceae)

Aus einer Rosette entspringt ein bis 50 cm hoher kräftiger Stängel. Dieser ist steif behaart und trägt einen etwa 4 cm großen, goldgelben, an der Basis keulig verdickten Blütenkorb aus Zungenblüten. Bevorzugte Standorte sind saure, trockene Bergwiesen und Zwergstrauchheiden zwischen 1500 und 2500 m.

▲ Gold-Pippau
Crepis aurea
Korbblütler (Asteraceae)

Der orangerote, nur aus Zungenblüten bestehende Blütenkorb hat schwarzzottige Hüllblätter. Es steht am Ende eines 10 bis 20 cm hohen Stängels, der aus einer Blattrosette entspringt. Der Gold-Pippau blüht von Mai bis September in sog. Milchkrautweiden, um Almhütten, in Bürstlingrasen und sogar in Schneeböden, sofern der Boden entsprechend frisch und nährstoffreich ist.

▶ Pyramiden-Günsel
Ajuga pyramidalis
Lippenblütler (Lamiaceae)

Bis 20 cm hohe, pyramidenförmig wachsende Pflanze. Zahlreiche, dicht stehende Stängelblätter, werden von unten nach oben allmählich kleiner und sind violett überlaufen. Dazwischen befinden sich kleine, blaue Blüten mit sehr kurzer Oberlippe. Zerstreut in Magerrasen, bis in die subalpine Stufe.

▲ Frühlings-Küchenschelle

Pulsatilla vernalis
Hahnenfußgewächse (Ranunculaceae)

Die Frühlings-Küchenschelle ist wesentlich kleiner als die Alpen-Küchenschelle und rundherum zottig behaart. Die Grundblätter überwintern, die derben, dreispaltigen Fiederblätter erscheinen erst nach der Blüte (April bis Juni). Die sechs Perigonblätter sind innen gelblich weiß, außen blassviolett, anfangs glockig genähert, später ausgebreitet. Nach der Blüte verlängern sich die fedrig behaarten Griffel zu einem weißen Haarschopf. Die bevorzugten Standorte sind saure Rasen und Zwergstrauchbestände der alpinen Stufe.

▲ Gold-Fingerkraut

Potentilla aurea
Rosengewächse (Rosaceae)

Zu den häufigsten gelb blühenden Pflanzen der verschiedenen Gebirgsweiderasen gehört neben dem Wiesen-Leuenzahn und dem Gold-Pippau auch das Gold-Fingerkraut. Es weist fünfzählige, handförmig geteilte, fein gezähnte Blätter auf. Diese sind oberseits kahl, unten auf den Adern und am Rand langseidig behaart. Im Inneren der großen, radförmigen Blüte stehen zahlreiche Staub- und Fruchtblätter.

▲ Bart-Glockenblume, Bärtige G.

Campanula barbata
Glockenblumengewächse
(Campanulaceae)

Auf der Krone stehen einzelne lange, abstehende Haare, die anscheinend für den Artbeinamen „bärtig" verantwortlich sind. Auch der Stängel und die Rosettenblätter sind steif behaart. Die Pflanze wächst in sauren Weiderasen und in lichten Wäldern zwischen 1200 und 2800 m. Auf nährstoffreicheren Böden ist sie mit Scheuchzer-Glockenblume *(Campanula scheuchzeri)* vergesellschaftet.

▲ Tüpfel-Enzian, Punktierter Enzian

Gentiana punctata
Enziangewächse (Gentianaceae)

Diese bis 60 cm hohe Staude hat blassgelbe, glockige Blüten, die fein schwarz gepunktet sind. Sie treten gehäuft am Stängelende und in den Achseln der oberen Blätter auf. Die Blätter sind breit-eiförmig und glänzend. Die Pflanze ist in Magerweiden, Hochstaudenfluren und zwischen Alpenrosengebüsch auf frischen, lange schneebedeckten, sauren Böden der Subalpin- und Alpinstufe weit verbreitet. Früher wurden die Bitterstoffe des Wurzelstocks zur Erzeugung eines verdauungsfördernden Magenbitters ausgegraben, heute ist die Pflanze gänzlich geschützt.

▲ **Österreichische Alpen-Küchenschelle**
Pulsatilla alpina subsp. austriaca
Hahnenfußgewächse
(Ranunculaceae)

Am etwa 20 cm hohen, zottig behaarten Stängel sitzt ein Quirl aus fiedrig zerteilten Blättern. Die weiße Blüte ist 2 bis 3 cm breit und auf dem Grund etwas blau überlaufen. Zur Fruchtzeit wachsen die Griffel bis zu einer Länge von 5 cm aus. Der Fruchtstand ähnelt dann dem der Berg-Nelkenwurz *(Geum montanum)*, daher auch dieselbe Bezeichnung im Volksmund: Petersbart oder Grantiger Jager. Die oben erwähnte Unterart kommt nur in Salzburg, Tirol, Steiermark und Kärnten vor, meistens in sauren Rasen und zwischen Zwergsträuchern.

Geröllweiden

Wer die nordseitigen Tauerntäler durchwandert, dem fallen, nachdem er die schön gepflegten Hochalmen verlassen hat, an den von Steinen übersäten Hängen bunte und hochstaudenreiche Rasengesellschaften auf, die in enger Wechselbeziehung zu den Grünerlengebüschen stehen. Ehemals für die Weidelandgewinnung geschaffen, werden sie heute weder gemäht noch ausreichend bestoßen.

Dies wirkte sich vor allem auf die Pflanzenwelt positiv aus, deren Artenreichtum enorm zunahm. Aufgrund der unterschiedlichsten Kleinbiotope wie trockene Lesesteinhaufen, Steinplatten, feuchte Mulden und Klüfte, Humus- und Feinerdeansammlungen mit alkalischer Reaktion vereinigten sich in den Geröllweiden Pflanzen mit den verschiedensten Ansprüchen. Den Artengrundstock bilden Frischezeiger wie Alpen-Kälberkropf *(Chaerophyllum villarsii)*, Rasenschmiele *(Deschampsia cespitosa)*, Scharf-Hahnenfuß *(Ranunculus acris)*, Wald-Storchschnabel *(Geranium sylvaticum)*, Blasen-Leimkraut *(Silene vulgaris)*, Wald-Vergissmeinnicht *(Myosotis sylvatica.)*, Berg-Sauerampfer *(Rumex alpestris)* und Zweiblüten-Veilchen *(Viola biflora)*. An typischen Wiesenpflanzen sind Ruchgras *(Anthoxanthum odoratum)*, Wiesen-Klee *(Trifolium pratense)*, Grannen-Klappertopf *(Rhinanthus glacialis)*, Hornklee *(Lotus corniculatus)* und Frauenmantel (*Alchemilla* spp.) vertreten. Zu den hageren Bürstlingrasen weisen Bürstling (*Nardus stricta*), Bart-Glockenblume *(Campanula barbata)*, Berg-Arnika *(Arnica montana)* und Schweiz-Leuenzahn (*Leontodon helveticus*); zu den Fettweiden Alpen-Lieschgras (*Phleum alpinum* s. lat.), Violett-Schwingel (*Festuca violacea* agg.) und Gold-Pippau *(Crepis aurea)*; zu den Feuchtgesellschaften Trollblume *(Trollius europaeus)*, Alpenhelm *(Bartsia alpina)*, Herzblatt *(Parnassia palustris)* und Stern-Steinbrech *(Saxifraga stellaris)*. Dazwischen sind immer wieder Alpen-Kratzdistel *(Cirsium spinosissimum)*, Woll-Kratzdistel *(Cirsium eriophorum)* und Weiß-Germer *(Veratrum album)* als Weidezeiger eingestreut. Lesesteinhaufen und Steinplatten werden von Kriech-Quendel *(Thymus praecox)*, Felsenleinkraut *(Atocion rupestre = Silene rupestris)*, Kartäuser-Nelke *(Dianthus carthusianorum)*, Heide-Labkraut *(Galium pumilum)*, verschiedenen Hauswurz-Arten *(Sempervivum montanum, S. arachnoideum)* und Fetthennen *(Sedum album, S. acre, S. sexangulare)* sowie von zahlreichen Trockenheit liebenden Moosen und Flechten besiedelt. In den lange schneebedeckten Lawinenrinnen schließlich blühen bis in den Spätsommer Zwerg-Soldanelle *(Soldanella pusilla)*, Alpen-Hahnenfuß *(Ranunculus alpestris)* und Alpenmargerite *(Leucanthemopsis alpina)*.

Die Geröllweiden spiegeln eine ungeheure Dynamik wider, wobei die Entwicklung an den wasserzügigen Steilhängen zu den Grünerlengebüschen bzw. Hochstauden, an steinarmen Verebnungen zu beweidungsfähigen Rasen geht.

Habachtal

▲ Kriech-Gipskraut

Gypsophila repens
Nelkengewächse (Caryophyllaceae)

Die entlang von Bächen oft weit ins Tal hinuntergeschwemmte Pflanze fällt durch kahle, blaubereifte Stängel und etwas fleischige Blätter auf. Das Kriech-Gipskraut hat sein Hauptvorkommen in kalkreichen offenen Rasengesellschaften und in Schuttfluren ab 1000 m.

▼ Felsenleimkraut

Atocion rupestre (= Silene rupestris)
Nelkengewächse (Caryophyllaceae)

Das mehrjährige, kahle Pflänzchen hat zarte bläulich grüne Blätter und weiß bis rosarote, ausgerandete Kronblätter. Es wächst in offenen Magerrasen und auf Felsen von 1600 m aufwärts. Die Verbreitung ist arktisch-alpin.

▲ **Blasen-Leimkraut, „Klatschnelke", Aufgeblasenes Leimkraut**
Silene vulgaris (= S. inflata)
Nelkengewächse (Caryophyllaceae)

Auffallendes Merkmal ist der kropfig aufgeblasene Kelch, der von Kindern gerne zu Knalleffekten verwendet wird. Die Art ist zweihäusig, d. h. männliche und weibliche Blüten stehen auf verschiedenen Pflanzen. Das Blasen-Leimkraut ist in Wiesen und Hochstaudenfluren der ganzen Alpen verbreitet.
Auf subalpinen Schutthalden wächst eine auf diesen Standort spezialisierte Unterart: das Schutt-Blasen-Leimkraut *(S. vulgaris subsp. glareosa)*.

▲ **Wald-Storchschnabel**
Geranium sylvaticum
Storchschnabelgewächse (Geraniaceae)

Die gabelig verzweigte, 50 bis 60 cm hohe Staude mit den großen purpurvioletten Blüten findet sich allgemein an frischen Standorten und zwar nicht nur im Wald, sondern auch in subalpinen Hochstaudenfluren und Zwergstrauchgesellschaften. Nach der Blüte verlängern sich die Griffel storchschnabelähnlich, wobei durch Hinaufschnellen der Teilfrüchte die Samen fortgeschleudert werden.

▲ **Berg-Hauswurz**
Sempervivum montanum
Dickblattgewächse (Crassulaceae)

Von den vielen Hauswurzarten, die in den Alpen vorkommen, gehört die Berg-Hauswurz zu den häufigsten. Allen Hauswurzarten gemeinsam sind mehr oder weniger fleischige, zu grundständigen Rosetten angeordnete Blätter. Bevorzugte Standorte sind trockene Felsspalten und Mauerritzen. Der Systematiker unterscheidet zwei Taxa: eine zierliche Sippe (*subsp. montanum = S. montanum* s. str.) mit kleineren Rosetten, die westlich des Glocknergebiets lebt, und eine stattlichere Sippe (*subsp. stiriacum = S. stiriacum = S. braunii*), die – als Endemit der Steiermark – ausschließlich östlich des Glocknermassivs verbreitet ist.

▲ **Weiß-Germer**
Veratrum album subsp. lobelianum
Germergewächse (Melanthiaceae)

Der bis zu 1½ m hohe Weiß-Germer wird wegen seiner Giftigkeit vom Weidevieh nicht angenommen. Der Stängel ist von ineinander geschachtelten, rosettig angeordneten Blattscheiden umgeben, wobei die großen bogennervigen, unterseits behaarten Blätter wechselständig angeordnet sind. Sie unterscheiden sich dadurch von den recht ähnlichen Blättern des Ostalpen-Enzians *(Gentiana pannonica)*.
Der Nationalpark liegt im Bereich der Übergangszone zwischen der östlichen Unterart *Veratrum subsp. album* (u. a. Blüten weiß) und der westlichen Unterart *subsp. lobelianum* (u. a. Blüten hellgrün, siehe Bild).

▲ **Woll-Kratzdistel**
Cirsium eriophorum
Korbblütler (Asteraceae)

Bis 2 m hohe Pflanze mit wollig behaartem Stängel. Blätter fiederspaltig, an den Spitzen dornig, unterseits weißfilzig. Blütenkörbe bis 7 cm breit, Hüllblätter mit langen stechenden Spitzen, spinnwebig wollig. Alle Blüten röhrenförmig, purpurn. Ihre Hauptverbreitung liegt auf steinigen, trockenen, meist beweideten Standorten bis über 1500 m.

▲ **Perücken-Flockenblume**
Centaurea pseudophrygia
Korbblütler (Asteraceae)

Die Anhängsel der äußeren und mittleren Hüllschuppen besitzen eine 12 mm lange, fedrig zurückgebogene Spitze und verleihen dem Blütenköpfchen ein perückenartiges Aussehen. Die äußeren Blüten sind vergrößert und dienen als Schauapparat für Bestäuber. Die Perücken-Flockenblume gedeiht am besten auf frischen, nährstoffreichen und etwas kalkhältigen Böden.

▲ **Brand-Knabenkraut, Brand-Keuschständel**
Neotinea ustulata (= Orchis ustulata)
Knabenkrautgewächse,
Orchideen (Orchidaceae)

Die Blütenknospen am Ende der Blütentraube sind schwarzrot und schauen aus wie angebrannt (Name). Die offenen Blüten sind rosa, die Lippen weiß mit roten Punkten. Die bis 30 cm hohe Orchidee wächst in trockenen wie in frischen Wiesen bis 2000 m, meist auf Kalk. Sie ist geschützt.

▲ **Braun-Klee**
Trifolium badium
Schmetterlingsblütler (Fabaceae)

Die Blüten des zunächst fast kugeligen Köpfchens haben eine goldgelbe Farbe, nach dem Verblühen werden sie kastanienbraun und hängen hinunter. Der Braun-Klee bevorzugt frische, nährstoffreiche Böden. Er steigt bis 3000 m empor. Als Futterpflanze ist der Braun-Klee sehr geschätzt.

▲ **Einjahrs-Mauerpfeffer, Einjährige Fetthenne**
Sedum annuum
Dickblattgewächse (Crassulaceae)

Ähnlich wie die Hauswurzen sind auch viele Mauerpfeffer-Arten (Fetthennen) trockenheitsliebend. Beim Einjahrs-Mauerpfeffer sind die Blätter halbstielrund und locker über den 10 bis 15 cm hohen Spross verteilt. Der ähnliche Alpen-Mauerpfeffer *(Sedum alpestre)* ist ausdauernd, was an den zahlreichen nicht blühenden Sprossen erkennbar ist.
Der Gattungsname „Mauerpfeffer" bezieht sich nur auf eine einzige Art, nämlich den Scharf-Mauerpfeffer *(S. acre)*, dessen Blätter pfefferscharf schmecken und der in niederen Lagen verbreitet, im Gebirge aber selten ist.

▲ **Schilf-Straußgras**
Agrostis agrostiflora (= A. schraderiana)
Süßgräser (Poaceae)

Dieses lange Ausläufer treibende Gras bevorzugt frische Geröllhänge, an denen es dichte Bestände bildet. Manchmal vermittelt es zwischen Grünerlengebüschen und Alpenrosenheiden. Erkennbar ist das Gras an den etwas bläulich grünen, steifen Blättern und den rotbraunen bis violetten Ährchen.

Krummseggenrasen

(Caricetum curvulae, Loiseleurio-Caricetum curvulae, Carici curvulae-Nardetum)

Die alpinen Rasen sind Urwiesen im eigentlichen Sinne, das heißt, es handelt sich um natürliche Wiesen, die nicht durch Mahd oder Weide entstanden sind. Der Krummseggenrasen nimmt unter den natürlichen Wiesen die größte Fläche ein. In einer olivbraunen, niemals frischgrünen Farbe überzieht er alle flacheren, lange schneebedeckten Hänge der alpinen Stufe zwischen 2200 und 2400 m; örtlich steigt er bis 2600 m empor. Der Krummseggenrasen stellt auf den sauren Eisenpodsolböden und auf den fast horizontlosen Humussilikatböden das klimatisch bedingte Endstadium der Vegetationsentwicklung dar. Als Weide ist er infolge seines geringen Futterwertes nur für Schafe geeignet.

Die Namen gebende Art, die Krumm-Segge *(Carex curvula)*, besitzt krumme Blätter, die wegen eines Schlauchpilzbefalls *(Pleospora elynae)* an der Blattspitze frühzeitig absterben. In der Gamsgrube, einer mit Kalkglimmerschiefersand gefüllten Karmulde am Südfuß des Fuscherkarkopfes, und im Piffkar kommt eine Unterart der Krumm-Segge, die Kalk-Krumm-Segge *(Carex curvula subsp. rosae)* vor, die ansonsten nur westalpin verbreitet ist.

Pflanzen wie das gelb blühende Krain-Greiskraut *(Senecio incanus subsp. carniolicus)*, Schweiz-Leuenzahn *(Leontodon helveticus)*, Zweizeilen-Kopfgras *(Oreochloa disticha)*, Dreiblatt-Simse *(Juncus trifidus)* und Gämsheide *(Loiseleuria procumbens)* bezeichnen trockenere, windexponierte Stellen, in denen auch zahlreiche Flechten typisch sind. Bei geringem Kalkanteil im Boden gesellt sich das Nacktried *(Kobresia myosuroides)* und das Einkopf-Berufkraut *(Erigeron uniflorus)* hinzu.

Die dunkelrot blühende Kleb-Primel („Blauer Speik", *Primula glutinosa*) bevorzugt länger schneebedeckte und feuchtere Stellen im Übergangsbereich zur Schneebodenvegetation. Dort, wo sie massenhaft auftritt, entstehen die stark duftenden „Speikböden" (z. B. Kratzenberg, Tauernkogel, Lasörlinggruppe). Längere Feuchtigkeit benötigen Zwergmutterwurz *(Pachypleurum mutellinoides)*, Alpen-Mastkraut *(Sagina saginoides)*, Gelbling *(Sibbaldia procumbens)* und Zwerg-Ruhrkraut *(Gnaphalium supinum)*.

Stete Begleiter des Krummseggenrasens sind Grasblatt-Teufelskralle *(Phyteuma hemisphaericum)*, Gänseblümchen-Ehrenpreis *(Veronica bellidioides)*, Stumpfblatt-Mannsschild *(Androsace obtusifolia)*, Kerner-Läusekraut *(Pedicularis kerneri)*, Faltenlilie *(Lloydia serotina)* und Knöllchen-Knöterich *(Persicaria vivipara = Polygonum viviparum)*. An grusigen Stellen ist auch die Alpenmargerite *(Leucanthemopsis alpina)* reichlich vertreten.

Dazwischen lockern immer wieder die flachen Polster der etwas heller blühenden Zwerg-Primel *(Primula minima)* das Bild auf.

Zu den Besonderheiten der Sonnblickgruppe, der Glocknergruppe und der Hafnergruppe gehört das ebenfalls polsterförmig wachsende Zwerg-Seifenkraut *(Saponaria pumila)*, das im Nockgebiet recht häufig ist, in den übrigen Hohen Tauern aber weitgehend fehlt.

Rudenböden / Asten / Mölltal

▲ **Krumm-Segge**
Carex curvula
Riedgrasgewächse, Riedgräser = Sauergräser = Zypergrasgewächse (Cyperaceae)

Die Blattspitzen sind durch einen Pilz abgestorben und verkrümmt. Im Herbst sind die Horste goldgelb verfärbt und überziehen die sauren Silikathänge der alpinen Stufe. Die hauptsächlich in den Westalpen vorkommende Unterart *Carex curvula subsp. rosae* mit relativ kurzen Blättern ist in den Tauern in der Gamsgrube oberhalb der Pasterze und im Piffkar unterhalb der Edelweißspitze anzutreffen.

▼ **Grasblatt-Teufelskralle**
Phyteuma hemisphaericum
Glockenblumengewächse (Campanulaceae)

Die Grundblätter sind lineal-grasartig, die blauen Blüten stehen in kugeligen Köpfchen. Sie durchdringen oberhalb 1700 m Krummseggenrasen, Bürstlingsheiden und Zwergstrauchbestände.

▲ **Zweizeilen-Kopfgras, Steingras**
Oreochloa disticha
Süßgräser (Poaceae)

Das sehr zarte Gras besitzt eine kopfige, deutlich zweizeilige Blütenähre. Es blüht im Juli und August vor allem auf Rücken und Graten innerhalb des Krummseggenrasens.

▼ **Zwerg-Seifenkraut**
Saponaria pumila
Nelkengewächse (Caryophyllaceae)

Die großen rosaroten Blüten sind von einem aufgeblasenen, zottig-braunen Kelch umgeben. Die Polster kommen zerstreut in sauren Rasen und Zwergstrauchheiden oberhalb 2000 m vor. Die Verbreitung des Zwerg-Seifenkrautes beschränkt sich auf die Ostalpen.

▲ Krain-Greiskraut

Senecio incanus subsp. carniolicus = S. carniolicus
Korbblütler (Asteraceae)

Mit ihren intensiv gelb gefärbten Blütenköpfchen belebt das graufilzige Pflänzchen Felsschutt und Felsspalten sowie Rasen oberhalb 2000 m. In den Westalpen wird das Krain-Greiskraut durch das Graue Greiskraut *(Senecio incanus subsp. incanus)* vertreten.

▲ Dreiblatt-Simse, Gämsenhaar

Juncus trifidus
Simsengewächse (Juncaceae)

Der wenigblütige Blütenstand wird von drei Hochblättern weit überragt. Das Gämsenhaar findet sich auf kalkarmen, sauren Böden, meist im Krummseggenrasen oder im Gämsheideteppich an windexponierten Stellen.

▲ Bayern-Enzian

Gentiana bavarica
Enziangewächse (Gentianaceae)

Im Gegensatz zum häufigeren Frühlings-Enzian *(Gentiana verna)* besitzt der Bayern-Enzian keine Blattrosette. Die Blätter sind dicht ziegeldachig angeordnet, nur die Hochlagenrasse *var. subacaulis* hat (fast) nur eine Rosette.
Seine dunkelblauen Blüten erheben sich bis zu 20 cm über den Boden und schmücken feuchte Weiden und Matten.

▲ Kleb-Primel, „Blauer Speik"

Primula glutinosa
Primelgewächse (Primulaceae)

Viele sogenannte „Speikböden" der Tauern leiten ihren Namen von dieser purpurnen Primel ab. Der Echte Speik *(Valeriana celtica subsp. norica)* ist eine Baldrianart und hauptsächlich in den Norischen Alpen (Nockgebiet, Niedere Tauern) verbreitet. Die lanzettlichen, in der oberen Hälfte gesägten Blätter des Blauen Speiks sind mit kleinen Drüsen besetzt und klebrig. Die Pflanze blüht im Juli und August in Krummseggenrasen. Sie ist in den Ostalpen endemisch und geschützt.

Hartschwingelrasen

(*Festuca pseudodura*-Rasen)

Der Hartschwingelrasen („Festucetum pseudodurae") besiedelt meist südexponierte, sonnenbestrahlte (warme) Hänge der subalpinen Stufe, in denen sich das Graugrün der schmalen, harten Blätter des Harten Felsen-Schwingels *(Festuca pseudodura)* von den umgebenden Pflanzengesellschaften, in der Regel sind es Blaugrashalden (Seslerio-Caricetum sempervirentis), deutlich abhebt. Trotz karbonatreichem Untergrund ist die Bodenreaktion sauer; die Standorte sind häufig über die Umgebung leicht emporgehoben und wegen der dadurch bestehenden Windexponiertheit bodentrockener und sehr flechtenreich *(Cetraria islandica, Cladonia mitis, Cladonia rangiferina, Thamnolia vermicularis)*.

Die Hauptverbreitung des Hartschwingelrasens liegt an der Südabdachung der Hohen Tauern, so etwa an der Glocknerstraße zwischen Glocknerhaus und Franz-Josefs-Höhe oder am Bretterich in der Großfragant (Ausnahme: Nordrampe der Glocknerstraße im Bereich des unteren Naßfeldes).

Bretterichgrat / Großfragant / Mölltal

Nacktriedrasen

(Elynetum myosuroidis)

Bei leicht kalkhältiger, dazu noch etwas mürber Gesteinsunterlage, wie dies bei den Felsen der Schieferhülle sehr häufig der Fall ist, wird die Gämsheide durch grasartige Bestände des Nacktrieds *(Kobresia myosuroides = Elyna myosuroides)* ersetzt. Der feinerdereiche Boden mit einem pH-Wert im Neutralbereich bietet einen guten Wurzeluntergrund für das hartstängelige Nacktried, das auch extreme Bodentemperaturschwankungen von –45 Grad bis +50 Grad Celsius erträgt. In den dichten Beständen verstecken sich einige recht typische Pflanzen wie die kleine, polsterförmig wachsende Gletscher-Nelke *(Dianthus glacialis)*, Echte Alpenscharte *(Saussurea alpina)*, Einkopf-Berufkraut *(Erigeron uniflorus)* oder Trauer-Segge *(Carex atrata)*.

Mit dem Nacktried ist an einigen Stellen der Zwerg-Schwingel *(Festuca pumila)* verzahnt, der ähnliche ökologische Ansprüche besitzt.

Nacktriedrasen über Kalkglimmerschiefer sind meistens nur kleinflächig und bänderartig an den Windkanten ausgebildet. Ausgedehntere Bestände finden sich z. B. am Rande der Gamsgrube oberhalb der Pasterze, im Piffkar unterhalb der Edelweißspitze, im Pfandlbachtal nördlich des Margaritzenstausees und auf den Bündner Schiefern der Sonnblickgruppe und des Hocharns.

Aus dem Nationalpark Les Ecrins in den französichen Alpen

▲ Nacktried

Kobresia myosuroides = Elyna myosuroides)
Riedgrasgewächse, Riedgräser = Sauergräser = Zypergrasgewächse (Cyperaceae)

Der erste Teil im Namen „Nacktried" kommt daher, dass sich diese Gattung von der nah verwandten und viel größeren Gattung Segge *(Carex)* dadurch unterscheidet, dass die weibliche Blüte (der Fruchtknoten) *nicht* wie bei der Segge vom schlauchförmigen Deckblatt eingehüllt ist, aus dem nur die Narben herausragen. Die 10 bis 20 Ährchen bilden eine endständige, von borstenförmigen Blättern überragte Ähre. Die Pflanze besiedelt windausgesetzte Grate und Rücken (Moränenwälle), der Boden darf jedoch nicht zu sauer sein. Bevorzugt werden Kalkglimmerschiefer und Kalkmarmore der Tauernschieferhülle.

▲ Gletscher-Nelke

Dianthus glacialis
Nelkengewächse (Caryophyllaceae)

Die kleinen Polster bestehen aus dicklichen, linealen Stängelblättern und rosettig gehäuften Grundblättern. Die Kronblätter sind purpurrot und vorne gezähnt, die Kelchblätter sind also: (wie bei allen Nelken) miteinander verwachsen und glatt. Die Gletscher-Nelke kommt zerstreut in alpinen Matten und in Steinrasen, herabgeschwemmt auch im Bachschotter vor.

▲ Echte Alpenscharte, Gewöhnlich-Alpenscharte

Saussurea alpina
Korbblütler (Asteraceae)

Die lanzettlichen, deutlich gestielten Grundblätter sind unterseits spinnwebig grauhaarig. Auch der bis 20 cm hohe Stängel ist locker filzig behaart. Die violetten Röhrenblüten sitzen in mehreren doldig vereinten Blütenkörbchen. Die recht seltene Pflanze blüht in kalkarmen Steinrasen, auf Graten und in Felsspalten. Im Gegensatz dazu bevorzugt die Zweifarbige Alpenscharte *(Saussurea discolor)* mit weißfilzigen, herzförmigen Grundblättern Karbonatgestein.

▲ Einkopf-Berufkraut

Erigeron uniflorus
Korbblütler (Asteraceae)

Der 2 bis 20 cm hohe, wenig beblätterte Stängel trägt nur einen einzigen Blütenkopf, dessen hellviolette Zungenblüten einen Korb aus gelben Röhrenblüten umgeben. Das Einkopf-Berufkraut besiedelt Felsspalten und Grate sowie kalkarme steinige Böden zwischen 1500 und 3000 m Höhe. Das Alpen-Berufkraut *(Erigeron alpinus)* weist zwischen den Zungenblüten und den zentralen Scheibenblüten noch ein bis zwei Reihen mit Fadenblüten auf.

▲ Trauer-Segge

Carex atrata
Riedgrasgewächse, Riedgräser = Sauergräser = Zypergrasgewächse (Cyperaceae)

Der Artbeiname leitet sich von den dunkelbraunen, fast schwarzen Blütenähren ab. Die Verbreitungsgebiete sind hochalpine Steinrasen, felsige Rücken und windgescherte Grate bis 2500 m Höhe.

▲ Faltenlilie

Lloydia serotina
Liliengewächse (Liliaceae)

Dieses zarte Liliengewächs besitzt eine Zwiebel, in der alle lebensnotwendigen Stoffe gespeichert sind, die es ihr ermöglichen, in der kurzen Vegetationszeit den Lebenszyklus durchzuführen. Es blüht in humusreichen hochalpinen Pflanzengesellschaften, häufig auf windausgesetzten Stellen, oft in Felsspalten.

Die Ufer der Karseen, Verlandungs-vegetation und Niedermoore

(Caricetum limosae, Caricetum rostratae, Caricetum goodenowii = Caricetum nigrae, Caricetum davallianae,Trichophoretum cespitosi, Eriophoretum scheuchzeri)

In der Kernzone der Hohen Tauern gibt es z.T. wunderschöne Karseen (Mittlerer und Hinterer Langtalsee im Gößnitztal, Wangenitz- und Gradensee in der Schobergruppe, Lanischseen in der Hafnergruppe, Unterer und Oberer Gerlossee, Seebachsee, Kratzenbergsee im Hollersbachtal, Amertaler See, Plattsee und Hintersee im Felbertal, Grünsee im Stubachtal), die von Silikatschutt, Moränenwällen oder Rundhöckern umrandet, in glazial ausgeschürften Wannen eingebettet sind. Die Ufer fallen meist steil ein, die Seen selbst sind tief und klar. Nur dort, wo der Bach größere Ablagerungen mitgebracht hat, entstanden flachere Uferbereiche mit Niedermoorvegetation, ansonsten reichen entweder nackter Fels oder Schutt bzw. Krummseggenrasen und in tieferen Lagen Bürstlingrasen bis direkt ans Wasser.

Die z.T. beträchtlichen Humusgehalte in den Niedermooren sind darauf zurückzuführen, dass der Boden nach der Schneeschmelze zeitweise überschwemmt und lange durchnässt ist, außerdem sehr niedere Temperaturen herrschen, wodurch die biologische Zersetzung extrem langsam vor sich geht. An einigen Stellen kann sich dabei auch etwas Torf bilden.

Die durch Verlandung entstandenen Niedermoore der Hohen Tauern besitzen alle einen ähnlichen Aufbau: Direkt am seichten Seeufer wächst das kleine, einköpfige Scheuchzer-Wollgras *(Eriophorum scheuchzeri)* und setzt gemeinsam mit verschiedenen Braunmoosen (*Drepanocladus* spp.) die arktisch-alpine Gesellschaft des Wollgrasriedes (Eriophoretum scheuchzeri) zusammen. An flachen und schlammreichen Uferstellen bildet bisweilen die Schnabel-Segge *(Carex rostrata)* größere Bestände. Landeinwärts schließt dann der Torf bildende Braunseggensumpf (Caricetum nigrae) an, in dem die Braun-Segge *(Carex nigra)* vorherrscht; seltener sind die Igel-Segge *(Carex echinata)* und die Riesel-Segge *(Carex paupercula)*. Dazwischen blühen u. a. Sumpf-Veilchen *(Viola palustris)*, Sumpf-Herzblatt *(Parnassia palustris)*, Kronlattich *(Willemetia stipitata)* und Gebirgs-Simse *(Juncus alpinoarticulatus)*. Ebenfalls recht häufig sind Dreiblüten-Simse *(Juncus triglumis)*, Schmalblatt-Wollgras *(Eriphorum angustifolium)*, Alpenhelm *(Bartsia alpina)* und Alpen-Fettkraut *(Pinguicula alpina)*.

Trockenere Stellen innerhalb des Braunseggensumpfes sind durch das alleinige Vorherrschen der Rasen-Haarbinse *(Trichophorum cespitosum)* gekennzeichnet. Der Haarbinsensumpf (Trichophoretum cespitosi) ist neben dem Braunseggensumpf die häufigste Vernässungsgesellschaft in der subalpinen Stufe.

Weitere Entstehungsorte für Braunseggenmoore sind die großen Trogtäler, die vielfach durch Steilstufen in flache, absatzförmige Teiltröge gegliedert werden, in denen sich die herabstürzenden Bäche wieder beruhigen. Die am Fuß der seitlichen Trogwände entspringenden Rinnsale und Quellen speisen zahlreiche Bäche, in deren Bachschlingen sich auf feinem Schwemmsand ebenfalls feuchtigkeitsbildende Pflanzen ansiedeln. Solche mäanderartig durchzogenen und äußerst reizvollen Hochtalböden tragen auf der Landkarte die Bezeichnung „Moos“ (Gradenmoos im Gradental, Vorderes und Hinteres Moos im inneren Hollersbachtal, Prägratenmoos, Rotmoos im Ferleitental).

Fast in allen Talböden finden sich Moore, die bereits an vielen Stellen entwässert wurden. Die Folge sind verarmte Bürstlingweiden und das Vorherrschen von Rasenschmiele *(Deschampsia cespitosa)*.

Niedermoor im Stubachtal

Karsee: Gradensee/Schobergruppe

Ist der Untergrund basenreich, bildet sich anstelle des Braunseggenmoores das Davall-Seggenried (Caricetum davallianae) aus. Am häufigsten ist es als sog. Quellmoos an den Unterhängen von Kalk führenden Glimmerschiefern anzutreffen, aus denen ständig frisches Wasser nachrieselt bzw. durchsickert. Diese „Kalkquellmoore" sind wesentlich artenreicher als die sauren Moore.

Neben der dominierenden Davall-Segge *(Carex davalliana)* gedeihen u. a. Hirse-Segge *(Carex panicea)*, Große Gelb-Segge *(Carex flava)*, Alpenhelm *(Bartsia alpina)*, Gewöhnliche Simsenlilie *(Tofieldia calyculata)*, Mehl-Primel *(Primula farinosa)*, Alpen-Fettkraut *(Pinguicula alpina)*, Dreiblatt-Simse *(Juncus trifidus)*, Stern-Steinbrech *(Saxifraga stellaris)*, Kälte-Segge *(Carex frigida)* und Breitblatt-Fingerknabenkraut *(Dactylorhiza majalis)*.

An einigen Stellen in den Hohen Tauern (z. B. Enzinger Boden, Gerlosplatte) treten auch hochmoorähnliche Bildungen auf, mit Schlamm-Segge (*Carex limosa*), Wenigblüten-Segge *(Carex pauciflora)*, Scheiden-Wollgras *(Eriophorum vaginatum)*, Torfbeere oder „Moor-Preiselbeere" *(Vaccinium oxycoccos)* und Rosmarinheide *(Andromeda polifolia)* sowie etlichen Torfmoosen *(Sphagnum fuscum, S. rubellum, S. magellanicum)*. Die Empfindlichkeit und Seltenheit dieser Biotope verlangen einen absoluten Schutz!

▲ Scheuchzer-Wollgras

Eriophorum scheuchzeri

Riedgrasgewächse, Riedgräser = Sauergräser = Zypergrasgewächse (Cyperaceae)

Dieses Ausläufer treibende, höchstens 40 cm hohe Wollgras besitzt stielrunde Blätter und einen endständigen Blütenstand, welcher nach der Blüte mit einem dichten weißen Wollschopf aus Blütenhüllborsten bedeckt ist. Scheuchzer-Wollgras wächst in Vernässungen und in Verlandungszonen von kleinen Seen der alpinen Stufe. Das ähnlich aussehende Scheiden-Wollgras *(Eriophorum vaginatum)* ist hingegen eher in torfmoosreichen Hochmooren anzutreffen. Das Scheiden-Wollgras ist ohne Ausläufer, hat einen oberwärts kantigen Stängel und aufgeblasene Blattscheiden.

▲ Schnabel-Segge

Carex rostrata
Riedgrasgewächse, Riedgräser = Sauergräser = Zypergrasgewächse (Cyperaceae)

Die als Verlandungspionier an Seeufern und langsam fließenden Bächen häufige Großsegge hat graugrüne, rinnige Blätter mit braunroten, grundständigen Blattscheiden. Die weiblichen Ähren sind 2 bis 8 cm lang, ihre geschnäbelten Fruchtschläuche sind gelbgrün. Sie kommt bis in 2000 m Höhe vor.

▲ Herzblatt, Studentenröschen

Parnassia palustris
Herzblattgewächse (Parnassiaceae)

Rosettenpflanze mit langgestielten herzförmigen Grundblättern und einem sitzenden Stängelblatt. Die weißen Kronblätter besitzen Strichsaftmale. Die inneren Staubblätter sind zu Nektarschuppen umgewandelt, die oberseits fächerartig angeordnete scheinbare Stieldrüsen aufweisen; deren gelb glänzende Köpfchen scheiden jedoch keinen Nektar ab, sondern dienen bloß der Anlockung von Insekten (Fliegentäuschblume). Die Art ist in Sumpfwiesen und in Flachmooren von den Tallagen bis ins Gebirge verbreitet.

▲ Igel-Segge, Stern-Segge

Carex echinata
Riedgrasgewächse, Riedgräser = Sauergräser = Zypergrasgewächse (Cyperaceae)

Diese Segge wächst in Sumpfwiesen und in Flachmooren bis 2500 m. Sie hat starre Blätter und kleine, kugelige Blütenstände, in denen die Ährchen sternförmig abstehen.

▲ Sumpf-Veilchen

Viola palustris
Veilchengewächse (Violaceae)

Alle Blätter entspringen aus einer grundständigen Rosette. Die blassvioletten Blüten sind dunkel geadert. In nährstoffarmen, nassen Quell- und Flachmooren steigt das Sumpf-Veilchen bis in 2500 m Höhe.

▲ Kronlattich, Kronenlattich

Willemetia capitata
(= Calycocorsus capitatus)
Korbblütler (Asteraceae)

Die Pflanze wird 45 cm hoch und ist oben wenig verzweigt. Die langgestielten goldgelben Körbe haben eine schwarzsteifhaarige Hülle. Die Blätter sind kahl, schwach bläulich grün. Der Kronlattich gedeiht in feuchten Wiesen und in Flachmooren von der Ebene bis ins Gebirge.

▲ Mehl-Primel

Primula farinosa
Primelgewächse (Primulaceae)

Die hell- oder dunkelpurpurroten Blüten bilden eine Dolde. Die fast ganzrandigen, oberseits grünen Rosettenblätter sind unterseits mehlig-weiß bestäubt. Die Pflanze gedeiht in feuchten bis nassen kalkhaltigen Wiesen und in Flachmooren von der Ebene bis ins Gebirge.

▲ Davall-Segge, Rau-Segge

Carex davalliana
Riedgrasgewächse, Riedgräser = Sauergräser = Zypergrasgewächse (Cyperaceae)

Die etwa 25 cm hohe, horstbildende Segge ist zweihäusig, das heißt, dass die Ährchen einer Pflanze entweder nur männliche oder nur weibliche Blüten tragen. Die Früchte sind lang geschnäbelt. Der Stängel ist oberwärts rau. Die Segge blüht von April bis Juni in kalkreichen Flach- und in Quellmooren bis 2200 m.

▲ Dreiblüten-Simse

Juncus triglumis
Simsengewächse (Juncaceae)

Diese kleine (5 bis 15 cm) Simse hat kräftige, fast stielrunde Blätter. Die unscheinbaren rotbraunen Perigonblätter der Blüten sind in drei- bis fünfblütigen Köpfchen zusammengefasst. Die Dreiblüten-Simse blüht von Juli bis September in sauren, humusreichen Quellmooren zwischen 1500 und 2300 m.

▲ Sumpfenzian, Tarant

Swertia perennis
Enziangewächse (Gentianaceae)

Die nicht allzu häufige Pflanze fällt durch sternförmig ausgebreitete, schmutzig blaue und mit dunklen Punkten versehene Blüten auf. Die lanzettlichen Stängelblätter sind sitzend, die eiförmigen Grundblätter sind gestielt. Der Tarant wird 20 bis 30 cm hoch und blüht im August und September in Sumpfwiesen und in Quellfluren bis etwa 2200 m.

▲ Kelch-Simsenlilie

Tofieldia calyculata
Simsenliliengewächse (Tofieldiaceae)

Die grasartigen, aber steiferen Laubblätter zeigen mit der Schmalseite zum Stängel, denn sie „reiten" wie die der Schwertlilien. Unmittelbar unterhalb der Blüte befindet sich ein kelchartiges Außenperigon, das für den lateinischen Artbeinamen verantwortlich ist. Die bevorzugten Standorte sind kalkhaltige Flachmoore, feuchte Magerrasen und berieselte Felsen von der Ebene bis ins Gebirge. Die ähnliche Kleine Simsenlilie *(Tofieldia pusilla)* ist kleiner (5 bis 10 cm), hat weißliche Blüten ohne die Hülle unterhalb der Blüte und ist viel seltener zu finden; sie ist arktisch-alpin verbreitet.

▲ Rasen-Haarbinse, Rasenbinse

Trichophorum cespitosum
Riedgrasgewächse, Riedgräser = Sauergräser = Zypergrasgewächse (Cyperaceae)

Auf trockeneren Stellen innerhalb des Braunseggensumpfes (Caricetum nigrae) kann die horstbildende Rasen-Haarbinse größere Flächen einnehmen. Zu den charakteristischen Merkmalen zählen die stielrunden Blätter und die einzeln stehenden endständigen Ährchen. Es fehlen die fein gekräuselten Wollhaare am Ährchen, welche für die Alpen-Haarbinse *(Trichophorum alpinum)* typisch sind.
Im Habitus ähnlich ist die Gattung Sumpfried *(Eleocharis)*, die jedoch auch am Stängelgrund keine Spur eines Blattes zeigt.

▲ Alpen-Fettkraut

Pinguicula alpina
Wasserschlauchgewächse (Lentibulariaceae)

Die gelblich grünen, am Rande etwas eingerollten Blätter bilden eine ausgebreitete Rosette. Sie sind auf der gesamten Oberseite mit klebrigen Drüsen besetzt, die dazu dienen, Insekten zu fangen und anschließend zu verdauen. Auf einem kurzen Stiel (max. 15 cm) befindet sich eine einzelne, weiße, gespornte Blüte mit einem gelben Fleck im Schlund.
Die Blüten des verwandten Gewöhnlich-Fettkrautes *(Pinguicula vulgaris)* sind violettblau und haben einen weißen Schlund. Beide „Insekten fressenden“ Pflanzen (durch die Eiweißverdauung kompensieren sie den Stickstoffmangel im Boden) gedeihen in Flachmooren, Quellfluren und an quelligen Stellen auf Kalk bis über 2000 m.

Quellfluren und Vernässungen

(Montio-Philonotidetum fontanae, Montio-Bryetum schleicheri, Cratoneuretum falcati, Cardamino-Chrysosplenietum alternifolii = „Cardaminetum amarae“)

Die vielen Gerinne im Gebiet der Hohen Tauern werden häufig von einem Saum typischer Pflanzen begleitet, welche als Quellfluren bezeichnet werden. Sie leiten auf den sanft geneigten Hängen eine Verlandung in Richtung Anmoor und Niedermoor ein. In den langsam fließenden Gerinnen über Silikat wachsen Moose wie das Birnmoos *(Bryum schleicheri)*, in den kalkreichen Quellfluren sind verschiedene Tuff bildende Moose (*Cratoneuron*-Arten) und die Glanz-Gänsekresse *(Arabis soyeri)* zu Hause.

Gerinne mit rasch fließendem Wasser bleiben auch im Winter eisfrei; sie werden jedoch auch im Sommer kaum wärmer als +5 °C. Neben der Bachkresse *(Cardamine amara)* als Leitpflanze gedeihen Bach-Steinbrech *(Saxifraga aizoides)*, Stern-Steinbrech *(Saxifraga stellaris)*, Eis-Segge *(Carex frigida)*, Dreiblüten-Simse *(Juncus triglumis)*, Kriech-Straußgras *(Agrostis stolonifera)* und Rasenschmiele *(Deschampsia cespitosa)*.

Die Gletscher des Nationalparkgebietes büßten in den letzten 80 Jahren rund 30 Prozent ihrer Fläche ein, wobei immer wieder frischer Moränenschutt im Gletschervorfeld freigelegt wurde. Es ist das eiskalte Gletscherwasser, das in dem noch völlig unverwitterten Silikatschutt zum entscheidenden Faktor für die Ansiedlung von Pionierpflanzen wird. Interessanterweise gelingt es dem schon erwähnten Bach-Steinbrech am besten, diese vom Gletscherwasser durchtränkten Rohschuttstandorte einzunehmen, häufig gefolgt vom Einblüten-Hornkraut *(Cerastium uniflorum)*.

Feinkörniger und feuchter Schwemmsand, hie und da mit etwas organischem Material angereichert, bildet die Unterlage für den zierlichen Bunt-Schachtelhalm *(Equisetum variegatum)*. Eine Besonderheit stellt die Zweifarben-Segge *(Carex bicolor)* dar, die an nur sehr wenigen Stellen des Nationalparks vorkommt. Trocknet der Moränenschutt aus, hält es nur mehr das Graue Zackenmützenmoos *(Rhacomitrium canescens)* aus.

Mäandrierender Bach im hinteren Hollersbachtal

▲ Stern-Steinbrech

Saxifraga stellaris
Steinbrechgewächse (Saxifragaceae)

An Bachrändern und in Quellfluren tritt der Stern-Steinbrech oft in Reinbeständen auf. Aus einer grundständigen Blattrosette erhebt sich ein blattloser, zerstreut drüsiger Stängel, welcher langgestielte, weiße Blüten aufweist. Die Blütenblätter sind zitronengelb punktiert. Arktisch-alpin verbreitet.

▲ Bach-Steinbrech, Quell-Steinbrech

Saxifraga aizoides
Steinbrechgewächse (Saxifragaceae)

Die mit linealen, fleischigen Blättern (Knorpelspitze) dicht beblätterten Sprosse bilden entlang von Bächen, in Quellfluren und im Moränenschotter lockere Rasen. Die strahligen, hellgelben bis orangen Blüten sind zu einem klebrigdrüsigen, traubigen Blütenstand vereint.

▲ Zweifarben-Segge

Carex bicolor

Riedgrasgewächse, Riedgräser = Sauergräser = Zypergrasgewächse (Cyperaceae)

Diese sehr seltene Segge bildet kurze, gelbbraune Ausläufer und ist meist schlaff am Boden ausgebreitet. Die schwarzbraunen Deckspelzen besitzen einen grünen Mittelstreifen. Die Pflanze bevorzugt überrieselte Feuchtstellen in alpinen Lagen. Sie ist, so wie viele andere Feuchtpflanzen, potenziell gefährdet. Ihr Lebensraum ist daher durch die Flora-Fauna-Habitat-Richtlinie europaweit besonders streng geschützt.

Pioniervegetation auf Schutt und Moränen, Schneeböden

(Saxifragetum biflorae, Saxifragetum rudolphianae, Drabetum hoppeanae, Salicetum retuso-reticulatae, Androsacetum alpinae, Sieversio-Oxyrietum digynae, Allosuretum crispae, Salicetum herbaceae, Polytrichetum sexangularis)

Die Hochgebirgsvegetation wird durch die extremen Klimaverhältnisse und die intensive Bodendynamik in besonderem Maße beansprucht. Die kurze Vegetationszeit zwingt die Pflanzen rasch zu blühen und zu fruchten, um in dieser Zeit möglichst viele Reservestoffe für die lange Winterperiode aufzubauen. Sie müssen sich vor Wind, Kälte und intensiver Strahlung schützen können, ferner müssen sie in der Lage sein, für eine verlässliche Bestäubung zu sorgen, weshalb gerade im Hochgebirge besonders viele leuchtende Blütenfarben anzutreffen sind, andererseits bestehen auch Einrichtungen zur vegetativen Vermehrung. Die unterschiedlichsten Standortverhältnisse haben eine Reihe von Spezialisten hervorgebracht, sei es, dass sie eine extrem lange Schneebedeckung ertragen wie die Pflanzen der Schneebodengesellschaften, sei es, dass sie ständige Schuttbewegungen aushalten wie die Pflanzen der Schuttgesellschaften. Stabile Vegetationseinheiten können sich kaum konsolidieren, zu sehr ändern sich immer wieder die Standortbedingungen. Die einzelnen Pflanzen stehen in einem ständigen Wettkampf untereinander, wobei kleine Anpassungsvorteile schließlich den Ausschlag geben.

Völlig „ungeordnet" aus pflanzensoziologischer Sicht geht es im Gletschervorfeld zu, in dem Polster- und Rasenpflanzen, Schutt- und Schneebodenpflanzen verschiedenster Bodenreaktionen aufeinander treffen. Die häufigsten Arten, die einzeln oder in kleinen Gruppen die Moränen besiedeln, sind Stängellos-Leimkraut *(Silene acaulis)*, Zwerg-Miere *(Minuartia sedoides)*, Moos-Steinbrech *(Saxifraga bryoides)*, Moschus-Schafgarbe *(Achillea moschata)*, Alpenmargerite *(Leucanthemopsis alpina)*, Kriech-Nelkenwurz *(Geum reptans)*, Einblüten-Hornkraut *(Cerastium uniflorum)*, Alpen-Leinkraut *(Linaria alpina)* und Gletscher-Hahnenfuß *(Ranunculus glacialis)*.

In sauren Grobblockhalden finden sich Säuerling *(Oxyria digyna)*, Clusius-Gämswurz *(Doronicum clusii)*, Schlaff-Rispengras *(Poa laxa)* und Braun-Hainsimse *(Luzula alpinopilosa)*.

Nimmt der Feinerdegehalt zu, stellen sich Ähren-Hainsimse *(Luzula spicata)*, Alpen-Ehrenpreis *(Veronica alpina)*, Alpen-Mannsschild *(Androsace alpina)*, Alpen-Gänsekresse *(Arabis alpina)*, Gegenblatt-Steinbrech *(Saxifraga oppositifolia)*, Moschus-Steinbrech *(Saxifraga moschata)* und Zwerg-Fingerkraut *(Potentilla brauneana)* ein. Sie leiten teilweise schon zu den Schneebodengesellschaften über, in denen nach Dauer der Schneedecke die Kraut-Weide *(Salix herbacea)* oder das Sechskantige Haarmützenmoos *(Polytrichum sexangulare)* dominiert. Um innerhalb der kurzen Aperzeit alle lebensnotwendigen Vorgänge abwickeln zu können, beginnen die Pflanzen bereits unter der Schneedecke mit der Knospen- und Chlorophyllbildung (viele Pflanzen überwintern grün), sie blühen und fruchten innerhalb von 4 bis 5 Wochen, legen die notwendigen Reservestoffe an und sind dann für den nächsten langen Winter gerüstet. Das Aussehen der Schneebodenpflanzen ist meist unscheinbar, so beim Zweiblüten-Sandkraut *(Arenaria biflora)*, beim Dreigriffel-Hornkraut *(Cerastium cerastoides)*, beim Zwerg-Ruhrkraut *(Gnaphalium supinum)* und beim Gelbling *(Sibbaldia procumbens)*, z. T. entwickeln sich auch wunderschöne zarte Blüten, wie

Obersulzbachtal

bei der Zwerg-Soldanelle *(Soldanella pusilla)* oder beim Stängellosen Bayern-Enzian *(Gentiana bavarica var. subacaulis)*. Die extremste Schneebodengesellschaft (2 bis 2½ Monate Aperzeit) ist die Gesellschaft des Sechskantigen Haarmützenmooses (Polytrichetum sexangularis), die fast ausschließlich aus Moosen *(Polytrichum sexangulare, Anthelia juratzkana, Pohlia commutata)* besteht.

Da im Nationalpark Hohe Tauern keine reinen Kalk- und Dolomitschutthalden vorkommen, fehlen auch diesbezügliche Pflanzengesellschaften. Lediglich auf den offenen Kalkglimmerschieferhängen der Schieferhülle treten einige interessante Vergesellschaftungen mit einer Reihe seltener Arten auf wie dem Zweiblüten-Steinbrech *(Saxifraga biflora)*, dem Rudolphi-Steinbrech *(Saxifraga rudolphiana)*, dem Flattnitz-Felsenblümchen *(Draba fladnizensis)*, dem Hoppe-Felsenblümchen *(Draba hoppeana)* und der Schwarzen Edelraute *(Artemisia genipi)*. Regelmäßige Begleiter in den noch relativ jungen Schutthalden sind Wimper-Sandkraut *(Arenaria ciliata)*, Alpen-Leinkraut *(Linaria alpina)*, Schwarzrand-Schafgarbe *(Achillea atrata)*, Kriech-Gipskraut *(Gypsophila repens)*, Zwerg-Glockenblume *(Campanula cochleariifolia)*, Schild-Ampfer *(Rumex scutatus)* und Fächer-Goldhafer *(Trisetum distichophyllum)*. Sie finden sich zwischen Bachgeröllen auch in tieferen Lagen wieder. Hat sich der Untergrund bereits etwas stabilisiert, gewinnen Spaliersträucher wie Stumpfblatt-Weide *(Salix retusa)*, Quendel-Weide *(Salix serpillifolia)*, Silberwurz *(Dryas octopetala)* und Herzblatt-Kugelblume *(Globularia cordifolia)*, weiters Polsterpflanzen wie Zwerg-Primel *(Primula minima)* und Kiesel-Stängellos-Leimkraut *(Silene acaulis subsp. exscapa)* und etliche Horstgräser wie Zwerg-Schwingel *(Festuca pumila)* oder Blaugras *(Sesleria caerulea)* an Bedeutung. Schneebodencharakter besitzen Blau-Gänsekresse *(Arabis caerulea)*, Kiesel-Gämskresse *(Hornungia alpina subsp. brevicaulis)*, Mannsschild-Steinbrech *(Saxifraga androsacea)* und Hoppe-Ruhrkraut *(Gnaphalium hoppeanum)*.

▲ Alpen-Leinkraut

Linaria alpina
Löwenmaulgewächse bzw. Rachenblütler bzw. Wegerichgewächse i. w. S. (Antirrhinaceae bzw. Scrophulariaceae s. lat. bzw. Plantaginaceae s. lat.)

Die großen, blauviolett gespornten, innen gelben Rachenblüten bilden einen wunderbaren Kontrast in den pflanzenarmen, bewegten Schutthalden. Als Fotograf kann man kaum an ihnen vorbeigehen. Das Alpen-Leinkraut gehört zu den „Schuttüberkriechern", d. h. die beblätterten Triebe liegen auf dem Schutt. Die Pflanze wird in Flusstälern oft weit hinuntergeschwemmt.

▼ Kalk-Gämskresse

Hornungia alpina subsp. alpina
(= Hutchinsia a. = Pritzelago a.)
Kreuzblütler (Brassicaceae)

Nur der geübte Pflanzenfreund wird dieses unscheinbare Pflänzchen im feuchten Grobschutt oder zwischen Bachgeröll erkennen. Typische Merkmale sind fiederteilige Blätter und stumpfe, abgerundete Schötchen. Auf Silikat wird die Kalk-Gämskresse durch die etwas niedrigere Kiesel-Gämskresse *(Hornungia alpina subsp. brevicaulis)*, mit lanzettlich spitzen Schötchen, vertreten. Mit ihren kräftigen Triebbündeln und dem dichten Wurzelwerk trägt sie zur Stabilisierung des Schutts bei („Schuttstauer").

▲ Zweiblüten-Steinbrech

Saxifraga biflora
Steinbrechgewächse (Saxifragaceae)

Am Rande der dickfleischigen, fast kreisrunden und schwach gewimperten Blätter ist nur eine, nie Kalk ausscheidende, Grube vorhanden. Bei dem früher als eigene Unterart angesehenen, recht ähnlichen Großblütigen Steinbrech *(Saxifraga biflora subsp. macropetala)* handelt es sich nach neuesten Untersuchungen um Hybriden von *S. biflora x S. oppositifolia*. Er hat größere, spatelförmige, deutlich voneinander abgerückte Kronblätter und wachst nur auf Kalk- und Kalkschieferschutt.

▼ Einblüten-Hornkraut

Cerastium uniflorum
Nelkengewächse (Caryophyllaceae)

Die großen weißen Blüten der polsterförmig wachsenden, dicht behaarten Pflanze beleben karge Moränen- und Steinfluren.
Die Polster fungieren als Schuttstauer. Das ähnliche Breitblatt-Hornkraut *(C. latifolium)* ist weiter westlich verbreitet und fehlt im Nationalpark Hohe Tauern.
Der Gattungsname Hornkraut bezieht sich auf die hornartig gekrümmten Fruchtkapseln.

▲ **Braun-Hainsimse**
Luzula alpinopilosa
Simsengewächse (Juncaceae)

Das Ausläufer treibende Gras ist charakteristisch für feuchte Silikatschutthalden. Die überhängenden Blütenstände tragen kastanienbraune Ährchen, die zwischen Juli und August blühen. Die Blattscheiden sind ebenfalls braun und bärtig bewimpert.

▼ **Moschus-Schafgarbe**
Achillea moschata
Korbblütler (Asteraceae)

Die kammförmigen, drüsig punktierten Blätter strömen einen aromatischen Geruch aus. Die Pflanze blüht bis August im Gletschervorfeld und in offenen Rasengesellschaften. Die ähnliche Schwarzrand-Schafgarbe *(Achillea atrata)* hat schmälere, schmal-linealische (fädliche) Blattabschnitte und wächst gleichfalls in Felsschuttrasen, insbesondere in Schneetälchen.

▲ **Kriech-Nelkenwurz, Gletscher-Petersbart**
Geum reptans
Rosengewächse (Rosaceae)

Oberhalb 2000 m überziehen die oft meterlangen roten Ausläufer der Kriech-Nelkenwurz nackte Moränen- und Schutthalden. Sie können sich immer wieder bewurzeln und so mit dem Schutt wandern („Schuttwanderer"). Der rotbraune Fruchtschopf, bestehend aus fedrig behaarten Griffeln, ist anfangs gezwirbelt, so dass er oft einer Frisur gleicht.

▼ **Wenigblüten-Teufelskralle**
Phyteuma globulariifolium
Glockenblumengewächse (Campanulaceae)

Die kleinen blauen Blüten des max. 15 cm hohen Pflänzchens sind krallenförmig gekrümmt und von eiförmigen Hüllblättern umgeben. Die Blätter sind spatelig und vorne gekerbt und unterscheiden sich dadurch von den langen, schmalen, linealen grasförmigen Blättern der Grasblatt-Teufelskralle (*Phyteuma hemisphaericum*, siehe S. 126).

▲ Gegenblatt-Steinbrech, Roter Steinbrech

Saxifraga oppositifolia
Steinbrechgewächse (Saxifragaceae)

Auch im nicht blühenden Zustand sind die kleinen blaugrünen und gegenständigen *(„oppositifolia“)* Blätter (am Rande mit Kalkdrüsen) leicht erkennbar. Blüht die Pflanze, kommen purpurne, später blauviolette Blüten hervor. Noch kleinere Blätter als dieser Steinbrech hat der Rudolphi-Steinbrech *(Saxifraga rudolphiana)*, der speziell über Kalkglimmerschiefer dichte, harte Polster bildet (siehe S. 173). Der gleichfalls ähnliche Wimper-Steinbrech *(Saxifraga blepharophylla)*, dessen abgerundete Blattspitze lang bewimpert ist, ist in den österreichischen Zentralalpen endemisch (vgl. S. 173).

▲ Clusius-Gämswurz

Doronicum clusii
Korbblütler (Asteraceae)

Die großen gelben Körbe schmücken saure Grobblockhalden. Zur Unterscheidung der Gämswurz-Arten empfiehlt es sich, die Blattränder genau anzusehen: Bei der Clusius-Gämswurz stehen zwischen dickeren Wimpernhaaren dünne, gekräuselte Gliederhaare; die Gletscher-Gämswurz *(Doronicum glaciale)* hat außer dicken Wimpernhaaren noch kleine Drüsenhaare. Die genannten *Doronicum*-Arten gehören zu den „Schuttstreckern“, d. h. sie arbeiten sich durch Verlängerung und Erstarken der aufrechten Triebe durch den Schutt durch.

▲ **Alpenmargerite, Alpen-Wucherblume**
Leucanthemopsis alpina
(= Tanacetum alpinum)
Korbblütler (Asteraceae)

Diese Art ist ein recht häufiges Pionierelement kalkarmer Geröll- und Schutthänge. Sie erhebt sich 5 bis 15 cm über dem Boden und ist an den kammförmig fiederspaltigen Blättern und den endständigen weißen, innen gelben Blütenkörben zu erkennen.

▲ **Zwerg-Soldanelle, Zwerg-Alpenglöckchen**
Soldanella pusilla subsp. alpicola
(= S. alpicola)
Primelgewächse (Primulaceae)

Wenn in den durch die Schneeschmelze durchtränkten Böden das Zwerg-Alpenglöckchen noch im Spätsommer ausapernde Flecken bedeckt, so gehört dies wohl zu den faszinierendsten Wundern des Hochgebirges. Die purpurlila Glöckchen stehen einzeln und sind nur wenig geschlitzt und unterscheiden sich dadurch von denen der Alpen-Soldanelle *(Soldanella alpina)*.

▲ Kraut-Weide, Zwerg-Weide

Salix herbacea
Weidengewächse (Salicaceae)

In Anbetracht der uns geläufigen mächtigen baumförmigen Weidenarten bezeichnete der große Naturforscher Linné diese winzige Art scherzhaft als „arbor inter omnes minima" (den kleinsten aller Bäume). Die wenigblütigen Kätzchen fallen durch ihre purpurroten Staubbeutel auf. Am häufigsten findet man die Kraut-Weide in sauren, lange schneebedeckten Mulden, stellenweise auch auf grusig verwitternden Graten; sie ist die „klassische" Charakterart der Silikat-Schneeböden.

▲ Sechskantiges Haarmützenmoos

Polytrichum sexangulare
Laubmoose (Bryophyta)

Rasen bildendes, bräunlich-grünes Laubmoos. Kapsel sechskantig (seltener vierkantig). Blätter stumpf, 5 bis 6 mm lang. Nur in sauren, lange schneebedeckten Senken der Hochgebirge.

▲ Quendel-Weide
Salix serpillifolia
Weidengewächse (Salicaceae)

Der dem Boden eng anliegende Spalierstrauch ist an seinen auffallend kleinen, eng beisammenstehenden Laubblättern (maximal 1 cm lang und 5 mm breit) erkennbar. Die – wie fast alle Weidengewächse – zweihäusige Pflanze blüht von Juli bis August auf offenen Kalkrohböden und im Pionierrasen fast immer oberhalb 2000 m. Mit ihr nahe verwandt ist die Stumpfblatt-Weide *(Salix retusa)* mit etwas größeren, derben, verkehrt-eiförmigen oder spateligen Blättern.

▲ Säuerling
Oxyria digyna
Knöterichgewächse (Polygonaceae)

Die Pflanze könnte eventuell mit dem Schild-Ampfer *(Rumex scutatus)* verwechselt werden, da beide Pflanzen langgestielte, bläulich bereifte Grundblätter besitzen. Während sie beim Schild-Ampfer jedoch spießförmig sind, sind sie beim Säuerling nierenförmig. Von den 4 Blütenhüllblättern (beim Ampfer sind es 6) liegen die 2 inneren der Frucht an, die 2 äußeren sind zurückgeschlagen. Die ganze Fruchtähre ist rötlich gefärbt. So wie die Gämswurz ist auch der Säuerling ein Schuttstrecker.

Fels- und Gipfelpflanzen

Der Nationalpark Hohe Tauern umfasst von der Wildgerlosspitze bis zur Hochalmspitze elf große Gletschergebiete mit rund 350 Dreitausendern! Trotz der feindlichen Umgebung sind die Gipfel und Grate oberhalb 3000 m keineswegs vegetationsfrei, sondern beherbergen neben zahlreichen Flechten und Moosen noch eine Reihe von Blütenpflanzen, die Dank besonderer Anpassungen überleben können. Entscheidend sind die rasche Durchführung des Vegetationszyklus, das Anhäufen von Reservestoffen und ein möglichst ökonomischer Stoffhaushalt.

Der Gletscher-Hahnenfuß *(Ranunculus glacialis)* bildet z. B. nur in günstigen Sommern mehrere Blätter und Blüten aus, in ungünstigen Jahren – in denen der Schnee nicht schmilzt – kommt er weder zur Blüte noch zur Frucht; die Reservestoffe verlagern sich aus den Blättern in die Wurzel, und selbst die bereits angelegten Knospen werden wieder abgebaut. Für den nötigen Transpirations- und Einstrahlungsschutz sorgt die glänzende Blattoberfläche. Bei den Polsterpflanzen wird durch die sehr dicht stehenden Sprosse ein eigenes Mikroklima mit einer interessanten internen Biozönose geschaffen. Sie besitzen meistens auch eine mächtige Pfahlwurzel, mit der sie sich in den Felsspalten verankern. Weder die Spaltenpflanzen (Chasmophyten) noch die Detrituspflanzen (Chomophyten) brauchen viel Humus, meistens genügt ihnen etwas Feinerde. Das Wachstum der Hochgebirgspflanzen geht extrem langsam vor sich, und der Verlust eines einzigen Blattes kann über Weiterleben oder Absterben entscheiden. Diese Pflanzen sind daher mit besonderer Sorgfalt und Ehrfurcht zu behandeln.

Welche Arten sind es nun, die in den Felsen der Dreitausender ihr Dasein fristen? In erster Linie handelt es sich um Polsterpflanzen wie Kiesel-Stängellos-Leimkraut *(Silene acaulis subsp. exscapa)*, Zwerg-Miere *(Minuartia sedoides)*, Alpen-Mannsschild *(Androsace alpina)*, Zwerg-Primel *(Primula minima)*, Gegenblatt-Steinbrech *(Saxifraga oppositifolia)*, Blaugrün-Steinbrech *(Saxifraga caesia)*, Moos-Steinbrech *(Saxifraga bryoides)*, Moschus-Steinbrech *(Saxifraga moschata)* und Mannsschild-Steinbrech *(Saxifraga androsacea)*; weiters um Speicherpflanzen wie Gletscher-Hahnenfuß *(Ranunculus glacialis)*, Schwarz-Edelraute *(Artemisia genipi)*, Alpenmargerite *(Leucanthemopsis alpina)*, Kriech-Nelkenwurz *(Geum reptans)*, Gletscher-Fingerkraut *(Potentilla frigida)* und Grasblatt-Teufelskralle *(Phyteuma hemisphaericum)* und schließlich auch um Gräser wie Schlaff-Rispengras *(Poa laxa)*, Klein-Rispengras *(Poa minor)*, Zweizeilen-Kopfgras *(Oreochloa disticha)*, Felsen-Straußgras *(Agrostis rupestris)*, Harter Felsen-Schwingel *(Festuca pseudodura)*, Polster-Segge *(Carex firma)* und Ähren-Hainsimse *(Luzula spicata)*. Die meisten Pflanzen in dieser Höhe sind bodenvag, sieht man von der Horst-Segge und dem Blaugrün-Steinbrech ab, die Karbonat bevorzugen.

Wesentlich besser als die Blütenpflanzen werden die Moose und die Flechten mit den unwirtlichen Hochgebirgsbedingungen fertig. Sie besitzen keine Wurzeln und brauchen daher auch keinen Boden. Die Nährstoffe und das Wasser nehmen sie größtenteils aus der Luft durch die gesamte pflanzliche Oberfläche auf. Unter den Moosen dominieren Trockenheit liebende Vertreter wie Zackenmützenmoos *(Rhacomitrium* spp.) und Kissenmoos *(Grimmia* spp.). Unter den Flechten sind Krustenflechten (*Rhizocarpon-* und *Lecidea*-Arten) und Blattflechten (*Umbilicaria-* und *Caloplaca*-Arten) am häufigsten. Interessant sind auch einige Algen, so die an zeitweise feuchten Kalk- und Dolomitwänden schwarze „Tintenstriche" erzeugenden Blaualgen (Cyanobakterien) oder das zu den Grünalgen zählende Kryoplankton *(Chla-*

Der Großglockner und die Pasterze, von der Gamsgrube aus gesehen.

mydomonas nivalis), das den Schnee bisweilen rötlich färbt.

Felswände sind nicht nur Extremstandorte für einige wenige Spezialisten, sie sind auch wertvolle Refugialräume für Reliktarten und für Pflanzen mit einem kleinräumigen Areal (sog. Endemiten). Ausschlaggebend für die unterschiedliche Verbreitung waren die Eiszeiten, die viele Arten in ihrer Wanderung stoppten bzw. sie auf die eisfreien Standorte zurückdrängten. Zu den bekanntesten Endemiten der Ostalpen bzw. Österreichs gehören Alpen-Breitschötchen *(Braya alpina)*, Wimper-Steinbrech *(Saxifraga blepharophylla)*, Zwerg-Haarschlund *(Comastoma nanum)*, Zwerg-Seifenkraut *(Saponaria pumila)* und Burser-Steinbrech *(Saxifraga burserana)*.

▲ Gletscher-Hahnenfuß

Ranunculus glacialis
Hahnenfußgewächse (Ranunculaceae)

Es sind vielfältige Anpassungen, die es dieser Pflanze ermöglichen, noch im Bereich der höchsten Gipfel zu überleben: Der Wurzelstock ist zwiebelartig verdickt, die Blätter sind fleischig-glänzend, die Knospen können bei Bedarf wieder abgebaut werden. Blüht die Pflanze, so schmücken ihre weißen, außen rosa bis tiefrot gefärbten Blütenblätter die kargen Schutthalden und die Felsspalten.

▼ Stängellos-Leimkraut

Silene acaulis s. lat.
Nelkengewächse (Caryophyllaceae)

In großen, flachen Polstern stecken kleine, lebhaft rot gefärbte Blüten. Obwohl die Pflanze „Stängelloses" Leimkraut heißt, sind die Blüten kurz gestielt. *Silene acaulis subsp. longiscapa* (= *S. „acaulis* s. str.*"*, auch Kalk-Polsternelke genannt) bildet eher lockere Pölster aus und zeigt Kalk an. Tatsächlich stiellos ist die Silikat-Polsternelke oder das Kieselliebende Stängellose Leimkraut *(Silene acaulis subsp. exscapa = Silene exscapa)*, das im Gegensatz zur Kalk-Polsternelke auf Silikatböden wächst.

▲ Alpen-Mannsschild

Androsace alpina
Primelgewächse (Primulaceae)

Aus einer kleinen Blattrosette erscheinen relativ große, weiß-rosa Blüten. Die Wuchsform ist polsterförmig, eine Anpassung an die unwirtlichen Klimaverhältnise der Hochgebirgsregion. Die Pflanze entwickelt eine kräftige Pfahlwurzel und besiedelt Felsspalten und feuchten Rohschutt. Sie gehört zu den höchststeigenden Blütenpflanzen in den Alpen.

▼ Zwerg-Haarschlund, Zwergenzian

Comastoma nanum (= Gentianella nana)
Enziangewächse (Gentianaceae)

Das maximal 5 cm hohe, blauviolett blühende Pflänzchen zeichnet sich durch einen bärtigen Schlund aus. Es tritt erst oberhalb 2200 m auf und ist weitgehend auf das Gebiet der Hohen Tauern beschränkt.
Ähnlich ist der Zart-Haarschlund *(C. tenellum)* mit vierzähligen Blüten.

▲ Zwerg-Miere

Minuartia sedoides
Nelkengewächse (Caryophyllaceae)

Die Polster sind dicht und moosähnlich, so dass die winzigen hellgrünen Blüten kaum auffallen. Meist fehlen die Kronblätter, die Blütenfarbe kommt von den Kelchblättern. Wie alle Polsterpflanzen verankert sich auch die Zwerg-Miere mit einer mächtigen Pfahlwurzel in den Felsspalten. Die alten Blätter sterben ab und werden allmählich zu Humus.

▲ Zwerg-Primel

Primula minima
Primelgewächse (Primulaceae)

Zwischen dichtgedrängten, keilförmig geschlitzten Rosettenblättern sitzen kurzstielige, bis 3 cm breite Blüten. Die purpurnen Polster sind an den sauren Hängen der Hohen Tauern weithin sichtbar. Eine weitere purpurn blühende Hochgebirgs-Primel des Nationalparks Hohe Tauern ist die Haller-Primel *(Primula halleri),* eine Verwandte der Mehl-Primel; sie fällt durch ihre lange Kronröhre auf.

▲ Trauben-Steinbrech

Saxifraga paniculata (= S. aizoon)
Steinbrechgewächse (Saxifragaceae)

Die fleischigen Rosettenblätter weisen am Rande Kalk abscheidende Grübchen auf und sind scharf gesägt. Die Blütenrispe kann 40 cm hoch werden und blüht von Juni bis September. Bevorzugte Standorte sind Kalk- bzw. Kalkschieferfelsspalten bis 3400 m.

▲ Moschus-Steinbrech

Saxifraga moschata
Steinbrechgewächse (Saxifragaceae)

Lockere Polster zusammensetzende Rosettenpflanze mit an der Spitze meist 3-spaltigen, aber auch ungeteilten, schwach drüsigen Blättern. Blüten grünlich gelb. Wächst hauptsächlich im Felsschutt (Schuttstauer), ist etwas kalkliebend und subalpin bis alpin verbreitet.

▲ **Blaugrün-Steinbrech**
Saxifraga caesia
Steinbrechgewächse (Saxifragaceae)

Die Halbkugelpolster in den Spalten karbonatreicher Felsen setzen sich aus kleinen, dachziegelartig angeordneten, bläulich grünen und Kalk ausscheidenden Blättchen zusammen. Die weißen Blüten erheben sich ca. 5 bis 15 cm über die Rosette. Als Alpenschwemmling findet sich diese Art auch in tieferen Lagen des Alpenvorlandes.

▲ **Echt-Edelraute**
Artemisia mutellina (= A. umbelliformis)
Korbblütler (Asteraceae)

Die – wie bei fast allen *Artemisia*-Arten (zu denen auch der Echt-Wermut gehört) – stark aromatische Pflanze findet sich meistens nur an sehr exponierten Felsen. Dank ihrer graufilzigen Behaarung ist sie gut „getarnt", lediglich während der Blütezeit kommen locker stehende, kleine, gelbe Körbe zum Vorschein. Die Stängelblätter sind gestielt und handförmig zerteilt.
Bei der Schwarz-Edelraute *(A. genipi)* sind die Stängelblätter sitzend und fiederschnittig, der Körbchenboden ist kahl.
Beide Arten sind geschützt, weil es sich um hochgeschätzte und begehrte Arzneipflanzen handelt

▲ Moos-Steinbrech

Saxifraga bryoides
Steinbrechgewächse (Saxifragaceae)

Lineal-lanzettliche, stachelspitzige Grundblätter bilden kleine knopfartige Blattrosetten, die bei der Namengebung mit Moospolstern verglichen wurden. Aus ihnen erhebt sich der meist einblütige, ca. 3 bis 6 cm hohe Stängel. Die Kronblätter sind weiß mit einem gelben Fleck und gelben bis orangen Punkten. Der Moos-Steinbrech wächst im Schutt und in den Felsspalten der höchsten Gipfel und gehört zu den am höchsten steigenden Arten im Nationalpark Hohe Tauern; er ist kalkmeidend.

Sonderschutzgebiet Gamsgrube

Oberhalb der Pasterze befindet sich in einer südwestexponierten Karmulde des Fuscherkarkopfes die Gamsgrube, eines der Sonderschutzgebiete im Nationalpark Hohe Tauern. Große Teile der Karmulde sind teilweise mit meterhohem Flugsand bedeckt, welcher von den „Bratschen“, so heißen die mürben Kalkglimmerschieferplatten der Umgebung, stammt. Die Verfrachtung von Staub und Sand durch den Wind ist ein Phänomen, das in der vegetationsfreien Zeit während und zwischen den Eiszeiten weit verbreitet war, rezent nur noch in der Arktis auftritt. Es ist klar, dass diese Flugsandanhäufungen sehr empfindlich auf jeden Betritt reagieren, weshalb in der Gamsgrube absolutes Begehverbot herrscht. Der offizielle Weg streift dieses wertvolle Kleinod nur am unteren Rand (knapp oberhalb der Hofmannshütte). Er erlaubt dem Wanderer aber dennoch einen guten Einblick in die dort herrschenden Standortfaktoren und in die Pflanzenwelt. Auf den 2 bis 3 m mächtigen Flugsandablagerungen aus Kalkglimmerschieferstaub ist eine edelweißreiche Blaugras-Horstseggenhalde (Seslerio-Caricetum sempervirentis) entstanden, die als treppiger Rasen ausgebildet ist und am Rand in Wülsten gegen den Sand hin abbricht. Alte Schneefelder zeigen lauter kleine von Sand bedeckte Treibsandpyramiden aus Schnee.

Auf den Aperstellen kämpfen Polsterpflanzen wie Stängellos-Leimkraut *(Silene acaulis)*, Rudolphi-Steinbrech *(Saxifraga rudolphiana)*, Zweiblüten-Steinbrech *(Saxifraga biflora)* und Zwerg-Miere *(Minuartia sedoides)* gegen immer wieder neue Flugsandaufwehungen an. Der Quendel-Weide *(Salix serpillifolia)* und der Schwarz-Edelraute *(Artemisia genipi)* ergeht es nicht viel besser.

In Mulden kann man Kalkschneebodenpflanzen wie Blaue Gänsekresse *(Arabis*

Riesenpolster des Stängellos-Leimkrautes *(Silene acaulis)*

caerulea) und Alpen-Hahnenfuß *(Ranunculus alpestris)* beobachten, während die windausgesetzten Kuppen von Windzeigern wie Nacktried *(Kobresia myosuroides)*, Gewöhnlich-Alpenscharte *(Saussurea alpina)* und Karpaten-Katzenpfötchen *(Antennaria carpatica)* eingenommen werden.

Die wohl seltenste Pflanze der Gamsgrube und des Pasterzen-Gletscher-Vorfeldes ist die Alpen-Breitschote *(Braya alpina)*, ein weiß blühender Kreuzblütler (siehe S. 174), dessen nächster Verwandter auf Spitzbergen vorkommt.

Auf den Felsen der umgebenden Gratlagen, nur von der Ferne sichtbar, gedeiht das in den Alpen extrem seltene Kugelmoos *(Oreas martiana)*!

Am Rande der Gamsgrube konnten sich gegen den Wasserfallwinkel infolge des schwerer abblasbaren, grusigen Untergrundes großflächig Polsterfluren erhalten.
Die angewehten, sandigen, kalkreichen Dünen werden von einem Blaugrasrasen überzogen. Nur das Kalk-Blaugras *(Sesleria caerulea)* vermag der ständigen Einwehung von neuem Sand standzuhalten. An Kanten bricht der treppenförmige Rasen in großen Schollen ab.

▲ Blaue Gänsekresse, Blaukresse

Arabis caerulea
Kreuzblütler (Brassicaceae)

Die höchstens 10 cm hohe Rosettenpflanze trägt einen traubigen Blütenstand, bestehend aus blassbläulichen Blüten (im Bild sind die intensiver gefärbten Blütenknospen zu sehen). Die Schoten sind bis 3 cm lang. Die in den Alpen endemische Art kommt in kalkreichen Schneeböden und auf Schutt über gut durchfeuchteter und humoser Unterlage zwischen 1500 und 3000 m vor, sie ist jedoch selten. Bisweilen sind mehrere Rosetten zu einem Polster vereint.

▲ Rudolphi-Steinbrech

Saxifraga rudolphiana
Steinbrechgewächse (Saxifragaceae)

Ähnlich dem Gegenblatt-Steinbrech *(Saxifraga oppositifolia)* bildet der Rudolphi-Steinbrech kompakte Polster, nur noch etwas dichter und härter. Die winzigen Blätter sind an der Spitze zurückgebogen und weisen Kalkablagerungen auf. Die Blüten leuchten in Purpurrot. Hochalpin gelegene Felsen und Schutt, vorwiegend aus Kalkglimmerschiefer, sind die Standorte dieses seltenen Steinbrechs. Etwas lockerer sind die Polster des in den östlichen Zentralalpen endemischen Wimper-Steinbrech *(Saxifraga blepharophylla)*. Die Blättchen sind etwas größer und am Rande auffallend lang bewimpert.

▲ **Alpen-Breitschote**
Braya alpina
Kreuzblütler (Brassicaceae)

Dieser Kreuzblüter scheint auf den ersten Blick nicht stark verschieden von anderen weiß blühenden alpinen Arten dieser Familie. Dennoch handelt es sich um eine große botanische Spezialität. Die Alpen-Breitschote hat ihr Verbreitungszentrum in den Hohen Tauern, obwohl sie auch hier recht selten ist. Sie gilt als österreichischer Subendemit, denn außerhalb Österreichs kommt sie nur an ganz wenigen Punkten (in Südtirol) vor. In der Gamsgrube, auf Kalkglimmerschiefer als Unterlage, blüht sie von Ende Juli bis Ende August. Siehe auch S. 171.

Botanisch lohnenswerte Wanderungen – eine Auswahl

▸ Umgebung des Glocknerhauses (2136 m)

Die Glocknerstraße erschließt auch dem weniger Bergerfahrenen die hochalpine Pflanzenwelt. Nach dem mühelosen Erreichen der aus kräftigen Lärchen gebildeten Waldgrenze ist ein Halt in einer Ausweiche zu Füßen der Racherin oder am Parkplatz des Glocknerhauses auf jeden Fall zu empfehlen. Die nach Südost gerichteten Steilhänge des Hochkares zwischen dem Albitzenkopf (2807 m), der Racherin (3092 m) und dem Wasserradkopf (3032 m) tragen infolge der Kalkglimmerschieferunterlage üppige Bergmähder, welche bis zum heutigen Tag, teilweise mit Steigeisen an den Füßen, gemäht werden. Diese sogenannten Pockhorner Wiesen liefern ein wertvolles Wildheu. Bedingt durch den Untergrund und die Mahd sind die verschiedensten Wiesengesellschaften miteinander verzahnt: Die hochwüchsigen Goldschwingelrasen sind reich an Türkenbund-Lilien *(Lilium martagon)*, in den Rostseggen- und Violettschwingelrasen gedeihen viele Schmetterlingsblütler. Auf den flachgründigeren Rippen und mit zunehmender Höhe gehen diese Bergmähder in eine blumenreiche Blaugrasmatte über. Dazwischen wachsen immer wieder Kalk liebende Zwergsträucher wie Herzblatt-Kugelblume *(Globularia cordifolia)* und Silberwurz *(Dryas octopetala)*. Zwischen dem Glocknerhaus und dem Spielmann (3027 m) bzw. der Pfandlscharte breitet sich in einem breiten Hochkar die Trogalpe aus. Hier dominieren meist saure Rasengesellschaften. So findet man verschiedene Magerweiden (Bürstlingrasen, Hartschwingelrasen), Alpenrispengrasbestände, Lägerfluren und im oberen Bereich ausgedehnte Krummseggenrasen, stellenweise reich an Kleb-Primeln, („Blauer Speik“, *Primula glutinosa*). Diese gehen in Polsterpflanzengesellschaften und an windausgesetzteren Rücken in Nacktriedrasen über. Mürbe anstehende Felsbänder aus Kalkglimmerschiefer werden von der Blaugrasmatte, stellenweise sogar von der Polster-Segge *(Carex firma)* gesäumt. Daneben finden sich in Schneeböden Zwergweidengesellschaften wie der Netzweidenteppich. In feuchten, sauren Mulden gegen den Naßfeldstausee ist ein Braunseggenmoor ausgebildet, in welchem der seltene, zierliche Bunt-Schachtelhalm *(Equisetum variegatum)* aufkommt. Direkt beim Glocknerhaus beginnt der bereits im Jahr 1983 vom Oesterreichischen Alpenverein errichtete Gletscherlehrweg Pasterze, welcher über die Margaritzenstaumauer vorbei am Elisabethfelsen in das Gletschervorfeld der Pasterze führt und schließlich am Parkplatz auf der Franz-Josefs-Höhe in 2451 m Höhe endet. Er erschließt durch Gletscherschliff polierte Rundhöcker, auf denen sich flechtenreiche Zwergstrauchgesellschaften (Gämsheideteppich, Netzweidenteppich) ausbreiten. Aus dem Moränenschutt leuchten die Polster des Gegenblatt-Steinbrechs *(Saxifraga oppositifolia)*. Die Umgebung des Sandersees zeigt die typische Pioniervegetation des Gletschervorfeldes mit Reinbeständen von Bach-Steinbrech *(Saxifraga aizoides)*. Etwas Besonderes ist auch das Vorkommen der seltenen und europaweit streng geschützten Zweifarben-Segge *(Carex bicolor)*. Im Naturführer zum Gletscherweg Pasterze werden die Geschichte des Gletschers, die jeweiligen Haltepunkte, die Flora und Fauna sowie die Geologie auch dem Unkundigen vor Augen geführt. Zudem genießt man während des gesamten Weges ein überwältigendes Panorama.

Im Hintergrund der z. T. ausgetrocknete Sandersee, der seine Größe je nach dem Schwemmmaterialeintrag ändert, im Vordergrund ein blühendes Gletschervorfeld: Der aktuelle Rückgang der Pasterze ermöglicht das Vorrücken der Vegetation. Bisher konnten mehr als 250 Höhere Pflanzen im Gletschervorfeld nachgewiesen werden; eine beachtliche Artenvielfalt in einem oft als unwirtlich und lebensfeindlich bezeichneten Lebensraum.

Gratgesellschaften im Großglocknergebiet: Klagenfurter Jubiläumsweg

Die Wanderung beginnt am Hochtor (2626 m) und führt nach Osten in Richtung Noèspitze (3010 m) und Hocharn (3254 m). Wer schwindelfrei ist und die Steilstufe bei der Weißenbach-Scharte überwindet (Seilsicherung), erreicht das Hintere Modereck (2932 m) mit Blick in das schon sehr stark abgeschmolzene Weißenbach-Kees. Der Weiterweg ist nur für Geübte empfehlenswert. Den Untergrund bilden Gesteine aus den Jüngeren Serien der Schieferhülle mit Kalkglimmerschiefer, Quarzitschiefer, dolomitischem Schiefer, Rauwacke und Marmor. Sie sind besonders am Grat stark verwittert und verkarstet. Sowohl die flach geneigten, grusigen Nordhänge am Beginn des Weges als auch der felsige Grat bieten zahlreiche Beobachtungsmöglichkeiten der Anpassung alpiner Pflanzen an extreme Klimabedingungen. So dominieren Polsterpflanzen und Spalierheiden sowie weniger geschlossene Rasen. Teilweise wird das grusige Material nur von Krustenflechten und Blaualgen (Cyanobakterien) zusammengehalten. In den lehmigeren Senken kommen Polygonböden vor. Nachstehend einige der häufigsten Arten entlang des Weges: *Salix serpillifolia, Salix retusa, Salix reticulata, Dryas octopetala, Silene acaulis subsp. exscapa, Primula minima, Saxifraga oppositifo-*

lia, Saxifraga rudolphiana, Saxifraga androsacea, Saxifraga moschata, Doronicum glaciale, Cerastium uniflorum, Arenaria ciliata, Gypsophila repens, Sesleria ovata, Linaria alpina, Veronica aphylla, Ranunculus alpestris und *Achillea clavennae.* In den Rasenfragmenten finden sich *Kobresia myosuroides, Carex sempervirens, Sesleria caerulea, Carex atrata, Gentiana verna, Phyteuma orbiculare, Aster alpinus, Helianthemum alpestre, Campanula scheuchzeri, Androsace obtusifolia, Oxytropis campestris, Bartsia alpina, Persicaria vivipara, Galium anisophyllon, Selaginella selaginoides* und *Euphrasia officinalis subsp. picta.* Nährstoffreichere Stellen werden durch *Deschampsia cespitosa, Mutellina adonidifolia, Myosotis alpestris, Potentilla crantzii* bzw. auch einigen Hochstauden angezeigt. Die Wanderung, die phantastische Ausblicke zur Großglockner- und Sonnblickgruppe, ins Seidlwinkltal nach Norden und ins Mölltal nach Süden ermöglicht, ist floristisch sicher eine der reichhaltigsten im gesamten Nationalparkgebiet.

▶ Gößnitztal

Es handelt sich um das längste Hochtal (9 km) der Schobergruppe, welches bis 2005 nur zu Fuß über einen uralten, gepflasterten Steinweg erreichbar war. Nun erfolgt die Versorgung der seit Jahrhunderten bewirtschafteten Hochalmen bzw. der Abtransport der Sennprodukte über einen nur für Anrainer befahrbaren steilen Güterweg. Die Steilstufe im Bereich des Gößnitzfalles (Naturdenkmal) trägt einen subalpinen Fichtenwald mit einigen Laubwaldelementen. Er löst sich nach oben hin in lockere Lärchenbestände auf. Die bewirtschaftete Eben-Alm und die Wirtsbauer-Alm sind von beweideten Bürstlingrasen und Rasenschmielen-Beständen bedeckt. Im trockenen Bachbettschotter des Talbodens gedeihen verschiedene Kratzdisteln. Die südseitig hoch über dem Weg gelegene Plankaser-Alm (2218 m) lieferte früher ein wertvolles Wildheu.

Der Normalweg durch das Gößnitztal führt über eine Steilstufe zur Hintern Holz-Alm (Ochsnerhütte). Dabei durchquert man, vor allem an Rippen und an Blockstandorten, naturbelassene prachtvolle Zirbenbestände, die stellenweise von Grünerlengebüschen, Feuchtwiesen und Quellfluren unterbrochen werden. Um die Ochsnerhütte befindet sich eine große, im Sommer mit Galtvieh bestoßene Almfläche, die im Bereich der Elberfelder Hütte in Krummseggenrasen übergeht.

– Den Liebhabern stiller Hochgebirgsseen sei der Weg über die Langtalseen empfohlen. Vor allem der Hintere Langtalsee zeichnet sich durch kleine Flachmoore aus, welche das ansprechende Scheuchzer-Wollgras *(Eriophorum scheuchzeri)* ziert.

▶ Kräuterwand

Die Kräuterwand (ca. 1600 – 1700 m) ist ein SO-exponierter Steilhang westlich von Heiligenblut/ Ortsteil Winkl. Sonnige Felsbänder wechseln mit schattigen, von Wasser überrieselten Stellen ab und schaffen ein Mosaik von Kleinlebensräumen.

Kalkglimmerschiefer, eingelagerte Serpentine, Kalkspatlinsen und Quarzgesteine schaffen eine vielseitige Unterlage für das Pflanzenleben. Dieses ist durch einen großen Artenreichtum gekennzeichnet, welcher durch die Verzahnung von Wärme liebenden Arten der inneralpinen Trockenvegetation mit Pflanzen des Fichten-Lärchen-Waldes geprägt wird. Die auffallendsten Pflanzen entlang des Steiges sind beschildert. Die Kleintierfauna weist vor allem zahlreiche Insekten auf. Hier kommt noch der Apollofalter vor, dessen Raupen nur auf wenige Pflanzen wie den Weiß-Mauerpfeffer *(Sedum album)* spezialisiert sind. In den Felsnischen der Kräuterwand nistet der Alpensegler. Eine Brutkolonie dieses Vogels lässt sich, übrigens einzigartig für Kärnten, auch auf dem Kirchturm von Heiligenblut beobachten.

Umgebung von Mallnitz
Das Dösener Tal

Die Wälder des oberen Dösener Tales können im Bereich der Konradhütte (1916 m) noch dem heidelbeerreichen subalpinen Fichtenwald zugerechnet werden, dem sich vereinzelt Grau-Erlen beigesellen. In der Baumschicht dominiert im Großen und Ganzen die Fichte. Im Niederwuchs finden sich an häufigeren Arten: Heidelbeere *(Vaccinium myrtillus)*, Preiselbeere *(Vaccinium vitis-idaea)*, Alpen-Brandlattich *(Homogyne alpina)*, Wald-Sauerklee *(Oxalis acetosella)*, Korallenwurz *(Corallorhiza trifida)*, Groß-Dornfarn *(Dryopteris dilatata)*, Moosauge *(Moneses uniflora)* u. a. m.

Die im Bereich der Dösener Hütte in ca. 1900 m häufig vorkommenden Grünerlenbestände, das Legföhrenkrummholz sowie alle Hochstaudenfluren und Zwergstrauchheiden dieser Höhenlage stellen Waldverwüstungsstadien des hochstämmigen Lärchen-Zirben-Mischwaldes dar und werden sich bei Unterbleiben des menschlichen Einflusses früher oder später wieder zu diesem prachtvollen Wald entwickeln. Auch oberhalb der Dösener Hütte in ca. 2160 m wurde einst der Wald niedergeschlagen, und so haben sich auch hier, in Abhängigkeit vom Kleinrelief, dem Kleinklima und den Bodenverhältnissen, verschiedene Degradationsstadien durchgesetzt. Während sich in den windgeschützten Nischen am steilen Südhang die Rost-Alpenrose *(Rhododendron ferrugineum)* und der Zwerg-Wacholder *(Juniperus communis subsp. nana)* ansiedeln, finden wir an den windausgesetzten, steilen Hängen den Ostalpen-Bunt-Schwingel *(Festuca varia)* und die Dreiblatt-Simse *(Juncus trifidus)*; dazwischen Heiden mit Besenheide *(Calluna vulgaris)* und Beerensträuchern (Heidelbeere, Preiselbeere, Rauschbeere).

In der anschließenden Verebnung, welche der Dösener Bach – leicht mäandrierend – durchzieht, hat sich nach der Vernichtung des ehemaligen Waldes aufgrund ungeregelten Weidebetriebes an Stelle der Rostalpenrosenheide der Bürstlingrasen ausgebreitet. Nur wenige Lärchen sind hier noch Zeugen einstigen Waldes. Im Bereich des Arthur-von-Schmid-Hauses (2281 m) dürfte der ehemalige Wald seine obere Grenze erreicht haben. In dieser Kampfzone haben auf dem welligen Relief mosaikartig verschiedene alpine Pflanzengesellschaften Fuß gefasst, so vor allem Gämsheide und Rauschbeere sowie Krummseggenrasen-Fragmente. Im Schutz kleiner Felspartien, wo der Wind nicht herankommt, halten sich noch vereinzelt Bestände von Rost-Alpenrose und Heidelbeere, dazwischen wächst relativ viel Woll-Reitgras *(Calamagrostis villosa)*. Die Moränenböden und Steilstufen links und rechts des Dösener Sees besiedelt, soweit sie überhaupt bewachsen sind, der Krummseggenrasen. Dieser braun-grüne Hochgebirgsrasen stellt das klimatisch bedingte Endstadium der Vegetationsentwicklung in der alpinen Stufe auf Silikatböden dar.

Bezeichnende Arten sind Zwerg-Seifenkraut *(Saponaria pumila)*, Zweizeilen-Kopfgras *(Oreochloa disticha)* und Kleinste Primel *(Primula minima)*. Dazwischen breiten sich kleinflächig, an Stellen, wo der Schnee länger liegen bleibt, Schneebodengesellschaften wie der Kraut-Weide-Rasen und der Haarmützenmoos-Rasen aus. Diese Stellen weisen meist nur eine Aperzeit von zwei bis drei Monaten auf. Auf den windausgesetzten Rücken findet sich ein flechtenreicher Gämsheideteppich.

Ab 2600 m sind die Silikatgrobblockhalden vegetationsleer. Höchstens die Landkartenflechte *(Rhizocarpon geographicum)* besiedelt noch manche Blöcke. Eine reiche Polsterpflanzenflur findet sich in der Umgebung der Mallnitzer Scharte (2670 m).

Erwähnt seien vor allem verschiedene Steinbrecharten *(Saxifraga bryoides, S. moschata)*, Stängellos-Leimkraut *(Silene acaulis)* und Zwerg-Miere *(Minuartia sedoides)*.

Der Subalpin- und Alpinbereich des Dösener Tales wird derzeit vor allem von Schafen beweidet.

Im Dösental bei Mallnitz befindet sich in malerischer Kulisse der auf 2270 m Seehöhe gelegene Dösener See.

Der **Dösener See,** ein typischer Hochgebirgssee, weist mit über 700 m Länge, einer Breite von ca. 200 m und einer max. Tiefe von 40 m recht beträchtliche Ausmaße auf. Feines Schluffmaterial im Zufluss des Sees verleiht ihm eine schwach graugrüne Färbung, obwohl aufgrund der bis zum Ufer reichenden Blockhalden kaum feines Sediment zu finden ist.

Die Besiedlung des Uferbereiches mit pflanzlichen und tierischen Organismen ist äußerst gering, es wurden lediglich einige Gehäuse tragende Köcherfliegenlarven und Erbsenmuscheln *(Pisidium)* gefunden. An Stellen, wo Grundwasser im Uferbereich austritt, ist ein etwas stärkerer Bewuchs von Fadenalgen *(Ulothrix)* zu bemerken. Der extremen Nährstoffarmut im See ist auch das Plankton angepasst. Wenige Arten wie die Geißelalge *(Gymnodinium uberimum)* und das Rädertier *(Polyartha dolichoptera)* dominieren, die übrigen Arten spielen nur eine untergeordnete Rolle. Der pH-Wert von ca. 6 liegt aufgrund der kalkarmen Gesteinsunterlage im schwach sauren Bereich.

An naturkundlichen Wanderungen können im Bereich Mallnitz noch empfohlen werden: das Tauerntal, speziell die **Umgebung der Jamnigalm** (1755 m), mit blumenreichen Kalkeinsprengungen. Floristisch außerordentlich reichhaltig ist der Grat von der Seilbahnbergstation (2630 m) zum **alten Hannoverhaus** und der Kamm vom Hannoverhaus (2722 m) zum Plattenkogel (2876 m).
Hier kann sich auch der Seilbahnbenützer am Gletscher-Hahnenfuß, an Edelrauten und Enzianarten sowie an verschiedenen Polsterpflanzen unter anderem das fast Kugelpolster bildende Tauernmoos *(Oreas martiana)* ohne Anstrengung erfreuen. Trittsicherheit ist jedoch erforderlich.

Der **Stappitzer See** (1270 m) am Eingang des **Seebachtales** wird umgeben von größeren Grauerlenbeständen und sauren Flachmooren. Als Feuchtbiotop stellt dieser einen wichtigen Stützpunkt für Zugvögel dar, welche den Alpenhauptkamm überqueren. Das Seebachtal – mit seinen tosenden Wasserfällen, den zahlreichen Lawinenstrichen, dem mäandrierenden Seebach und dem wilden Talschluss – lässt sich am besten auf dem gleichnamigen Naturlehrweg erleben.

Eine Wanderung durch das **Kaponigtal in der Gemeinde Obervellach** führt durch wunderschöne Lärchen-Zirben-Wälder bis hin zum landschaftlich beeindruckenden Moosboden-Moor am Fuße der Tristenspitze. Aufgrund des besonderen Landschaftscharakters und der Vegetation – Wälder, Schuttflächen, Felspartien und alpine Rasen prägen das Bild – zählt dieser Talschluss zu den urigsten und schönsten Bereichen der Hohen Tauern.

Durch Kraftwerksbauten sehr stark gelitten hat das Maltatal und das Großelendtal (erreichbar von Gmünd über die Maltatalstraße). Für den Naturliebhaber bietet sich nur mehr das reizvolle **Kleinelendtal** und das **Gebiet um die Schwarzhornseen** an. Der **Gößgraben** ist vegetationskundlich interessant. Inmitten der trockenen inneralpinen Nadelwaldzone weist er noch hochstaudenreiche Laubwaldreste auf.

▶ Großes Zirknitztal

Während das Kleine Zirknitztal durch hydroelektrische Maßnahmen sehr gelitten hat, ist das Große Zirknitztal, zumindest ab den Ableitungsbauten beim Parkplatz am Beginn der Nationalpark-Kernzone, durchaus noch wert besucht zu werden. Der Parkplatz liegt auf 1697 m, die schmale Straße ist asphaltiert.

Ab hier führt der Weg durch den glazial geformten, leicht ansteigenden Trogtalboden gemütlich in 1 ½ Stunden zum sog. Zahlplatz.

Vorbei an einem Marterl, welches an einen Unfall beim Heuziehen am Vinzenztag (22. Jänner) erinnert (unter einer Almhütte), folgt man dem hier noch reichlich Wasser führenden Bach. Es geht durch einen beweideten Lärchenwald, ein gut erhaltener Zirbenwald findet sich im seitlichen Grobblockwerk. Die gegenüberliegende Talseite wurde früher gemäht (Heuziehen). Seit die Mahd nur mehr sporadisch stattfindet, ist eine deutliche Zunahme der Grün-Erlen auf den ehemaligen Mähwiesen bemerkbar. Mehrmals wird der Bach über idyllische alte Holzbrücken überquert. Von allen Hängen des Trogtales streben Rinnsale dem Hauptbach zu. Nach einem kleineren Anstieg durch sehr naturnahe Zwergstrauchheiden aus „Almrausch" *(Rhododendron ferrugineum)* und Zwerg-Wacholder *(Juniperus communis subsp. nana)* kommt man zu einem kleinen Jagdsitz, dahinter durchquert der Weg eine großartig anmutende Steinerne Stadt aus Silikatfelsen mit Zirbenbewuchs. Es folgt ein kleiner, von wenigen Kühen ausgenützter beweideter Bereich, mit Pflanzen des Bürstlingrasens und etwas Gämsheide *(Loiseleuria procumbens)*, bis man schließlich den Zahlplatz (2107 m) bzw. den Zahlstein (2114 m) erreicht. Es handelt sich um einen überdimensionalen auffallenden Felsbrocken und darunter eine ebene Felsplatte, auf der angeblich einst der Lohn der in der Zirknitz im Goldbergbau werkenden Bergknappen ausbezahlt wurde. Eine dort aufgestellte Informationstafel gibt darüber Bescheid.

Auf dieser Höhe dürfte derzeit die klimatische Waldgrenze liegen. Sie ist schwer zu erkennen, da der geschlossene Wald immer wieder durch Felswände und Schutthalden durchbrochen wird. Nur auf den unzugänglichen Rippen stocken Zirbenbestände, die auf die charakteristische Samenverbreitung von Tannenhäher (sie verstecken Zirbennüsse in Felsspalten als Wintervorrat und „vergessen" einige) zurückzuführen sind. Die dazwischenliegenden steilen, entweder rasigen oder geröllreichen Lawinenhänge sind hingegen waldfrei (orographischer = geländebedingter Waldgrenzentyp).

Im anschließenden Talboden finden sich ein wenig beweideter Krummseggenrasen und entlang des Baches eine Quellflur mit viel Bach-Steinbrech *(Saxifraga aizoides)*, im Hintergrund Silikatschutthalden (reich an Bergkristallen). Den Hang hinauf Richtung Färber-Kaser verzahnen sich die ausklingenden Zwergstrauchbestände mit dem Krummseggenrasen, die Windecken um die abgeschliffenen Rundhöcker nehmen kleinflächige Gämsheideteppiche ein. Von hier über den Färber-Kaser zum Kegele-See (2150 m) sind es 1 ¾ Stunden. Der ganze Rundweg (Parkplatz – Zahlplatz – Färber-Kaser – Kegele-See – und durch das Kleine Zirknitztal zurück zum Parkplatz) dauert etwa 4 ½ Stunden. Auch der Tauerngoldweg am Weg zum Sonnblick lässt sich begehen, dabei können ein altes Knappenhaus und Stolleneingänge in 2600 m Höhe besichtigt werden (2,5 Stunden).

Auf der Rückfahrt talauswärts ergeben sich schöne Ausblicke zu den Lienzer Dolomiten. An der orographisch linken Seite taucht in den Felswänden ein interessanter Quellhorizont unter dem schütter bewaldeten Felsgrat auf, das Wasser ergießt sich über die darunterliegenden Felspartien.

Inneres Fuscher Tal und Fuscher Rotmoos

Beim Wildpark Ferleiten, noch vor der Mautstelle der Großglockner-Hochalpenstraße, beginnt der Almweg ins Innere Fuschertal und zum Rotmoos (Gehzeit ca. 1 ½ Std., Höhenunterschied: 140 m). Es handelt sich um ein typisches durch den Gletscher geformtes Hochtal, das von einer phantastischen Bergkulisse mit Hohem Tenn (3368 m), Großem Wiesbachhorn (3564 m), Hohem Dock (3348 m), Fuscherkarkopf (3331 m), Spielmann (3027 m) und Brennkogel (3018 m) umrahmt wird. Den relativ breiten und ebenen Talgrund bedecken Gletscher- und Bachsedimente mit zum Teil beträchtlichem Kalkgehalt aus den Kalkglimmerschiefern der oberen Schieferhülle. Bereits am Weg zum Rotmoos begegnen einem Grauerlenwälder mit üppigem Unterwuchs: Kalk-Alpendost *(Adenostyles alpina = A. glabra)*, Fuchs-Greiskraut *(Senecio ovatus)*, Acker-Kratzdistel *(Cirsium arvense)*, Ross-Minze *(Mentha longifolia)*, Rasenschmiele *(Deschampsia cespitosa)*, Kriech-Straußgras *(Agrostis stolonifera)* und Männer-Wurmfarn *(Dryopteris filix-mas)*. Es folgen ausgedehnte Viehweiden mit kleinen Fichtenwaldinseln, und schließlich taucht zur rechten bzw. linken Hand – der Weg durchschneidet in einem großen „S" den Moorkomplex – das Rotmoos auf. Den Namen erhielt es durch den roten Schlamm, der sich in kleinen Tümpeln und Wasserläufen durch Ablagerung von Eisenocker gebildet hat. Pflanzensoziologisch handelt es sich um ein Kalk-Niedermoor – es ist das größte inmitten der vorwiegend aus Silikatgesteinen aufgebauten Hohen Tauern –, mit einer Reihe von Besonderheiten wie Breitblatt-Fingerknabenkraut *(Dactylorhiza majalis)*, Fieberklee *(Menyanthes trifoliata)*, Sumpf-Läusekraut *(Pedicularis palustris)*, Mehl-Primel *(Primula farinosa)*, Bach-Steinbrech *(Saxifraga aizoides)*, Breitblatt-Wollgras *(Eriophorum latifolium)* und Gewöhnlich-Fettkraut *(Pinguicula vulgaris)*. An Stellen mit einer Torfauflage kann zwischen Torfmoosen *(Sphagnum* spp.) der Rundblatt-Sonnentau *(Drosera rotundifolia)* und in Hochmoortümpeln der Klein-Wasserschlauch *(Utricularia minor)* vorkommen. Der unmittelbare Kontakt mit den Viehweiden wird durch zahlreiche Wiesenpflanzen angezeigt, die vielfach auch in die Moorflächen eindringen. Dies macht deutlich, wie wichtig nationaler und internationaler Schutz sind. Das Rotmoos ist als Naturschutz- und Europaschutzgebiet gemäß der Flora-Fauna-Habitat-Richtlinie (FFH-Richtlinie) in das europaweite NATURA 2000 Schutzgebietsnetzwerk eingebunden. Seit 1995 ist das Rotmoos auch als Ramsar-Gebiet anerkannt.

Der Steppenhang im Murtal – schönste Felsensteppe im Land Salzburg

Bei der Ortschaft Muhr führt an der orographisch linken Talseite ein markierter Weg (Nr. 1 + 2) zunächst als Straße bis zum Pfeifenbergbauern, dann als mehr oder weniger ebener Steig durch die felsdurchsetzten Südhänge (Wegdauer ca. 2 Std., Höhenunterschied: 150 m). Unsere Aufmerksamkeit gilt zunächst den blumenreichen Mähwiesen, die in ihrem Artenreichtum an südliche Ausbildungen erinnern. So gedeihen prachtvolle Exemplare der Feuer-Lilie (*Lilium bulbiferum*), Nick-Leimkraut und Weiß-Leimkraut (*Silene nutans, S. latifolia*), Wild-Stiefmütterchen (*Viola tricolor*), Kartäuser-Nelke (*Dianthus carthusianorum*), Wiesen-Glockenblume *(Campanula patula)*, Großes Wiesen-Labkraut *(Galium album)*, Wiesen-Platterbse *(Lathyrus pratensis)*, Vogel-Wicke *(Vicia cracca)* und Kleiner Klappertopf *(Rhinanthus minor)* inmitten von Wiesen-Glatthafer *(Arrhenatherum elatius)*, Wiesen-Fuchsschwanzgras *(Alopecurus pratensis)* und Goldhafer *(Trisetum flavescens)*. Voraussetzung für die vielen Trockenelemente, die als Relikte der nacheiszeitlichen Wärmezeit angesehen werden, ist ein inneralpin-kontinental geprägtes Klima mit wenig Niederschlag (Muhr: 750 mm/ Jahr), kalten Wintern und heißen Sommern. Dunkle, Wärme speichernde Schiefergesteine unterstützen die mikroklimatischen Besonderheiten dieses Hanges, an dem auch eine interessante Wärme liebende Fauna mit dem seltenen Nachtfalter oder der Wespenspinne vorkommt. Spannend wird es dann bei den Felsen. Schon von weitem sind die grünen Teppiche vom Sebenstrauch oder Sadebaum *(Juniperus sabina)* zu erkennen. Dazwischen besiedeln Echter Wermut *(Artemisia absinthium)*, Felsen-Schöterich *(Erysimum sylvestre)*, Tauern-Fransenhauswurz *(Jovibarba globifera subsp. arenaria)*, Wulfen- und Spinnweben-Hauswurz (*Sempervivum wulfenii* und *Sempervivum arachnoideum)*, Rispen-Steinbrech *(Saxifraga paniculata)*, Alpen-Aster *(Aster alpinus)*, Eiblatt-Sonnenröschen *(Helianthemum ovatum)*, Kriech-Quendel *(Thymus praecox)*, Alpen-Steinquendel *(Clinopodium alpinum)*, Steif-Lauch *(Allium strictum)* und immer wieder die Kartäuser-Nelke *(Dianthus carthusianorum)* bzw. auch die Wild-Nelke *(Dianthus sylvestris)* die schmalen Felsbänder. An Gräsern sind Steppen-Lieschgras *(Phleum phleoides)*, Steppen-Schillergras *(Koeleria macrantha)*, Furchen-Schwingel *(Festuca rupicola)* und Trocken-Rispengras *(Poa molineri)*, an Sträuchern Felsenbirne *(Amelanchier ovalis)*, Stachelbeere *(Ribes uva-crispi)*, Alpen-Ribisel *(Ribes alpinum)*, Wacholder *(Juniperus communis)* und Berberitze *(Berberis vulgaris)* zu erwähnen. Schatten bieten zwischendurch Hasel-, Birken- und Grauerlenbestände, die sickerfeuchte Stellen anzeigen. Auch ein größerer Graben mit Hochstaudenelementen muss überquert werden. Einen botanischen Halt verdienen auch die mageren Weiderasen am Fuße der Felswände, in denen neben Bürstling *(Nardus stricta)* auch Zittergras *(Briza media)*, Kammgras *(Cynosurus cristatus)*, Zypressen-Wolfsmich *(Euphorbia cyparissias)*, Silberdistel *(Carlina acaulis)*, Echt-Labkraut *(Galium verum)*, Berg-Klee *(Trifolim montanum)* und Gewöhnlicher Natternkopf *(Echium vulgare)* häufig sind. Die Fülle an Kleinlebensräumen und der Steppenhang, dessen Struktur und Ökologie asiatischen Steppen sehr ähnlich ist, machen diesen Rundgang zu einem einmaligen Erlebnis.

Obersulzbachtal

Das ca. 12 km lange Tal zeichnet sich durch einen vielfältigen fluviatilen und glazialen Formenschatz aus: Wasserfälle, Seen, Gletschertöpfe, Gletscherschliffe und Moränen sind in besonders eindrucksvoller Weise ausgebildet. Die Vegetation reicht vom montanen Fichten- und Fichten-Tannen-Wald bis zu den Pioniergesellschaften im Gletschervorfeld.

Beginnend beim Hopffeld-Boden in 1080 m quert der Weg zunächst saure, farnreiche Fichtenwälder mit *Avenella flexuosa,*

Luzula luzuloides, Homogyne alpina, Oxalis acetosella, Maianthemum bifolium, Lycopodium annotinum, Gymnocarpium dryopteris, Dryopteris dilatata, Athyrium filix-femina und *Blechnum spicant* im Unterwuchs. Fichten-Tannen-Wälder treten in kleinen Gruppen nur an der gegenüberliegenden Talseite auf. Sie weisen einen etwas höheren Laubwaldanteil auf. Den Bach begleiten hochstaudenreiche Grauerlenbestände; dort wo sie auf seitliche Hänge übergreifen, gewinnen Berg-Ahorn *(Acer pseudoplatanus)*, Hänge-Birke *(Betula pendula)* und Weiden *(Salix myrsinifolia, S. appendiculata)* an Bedeutung. Immer wieder werden die steilen Hänge von Murabgängen zerschnitten, wobei auf den Grobblockhalden ein zwergstrauchreicher Fichtenwald, zum Teil mit Alpenrosen stockt, während auf dem feinerem Hangschuttmaterial Pestwurzhalden mit Birke und Erle verbreitet sind.

Ab der Berndl-Alm (1514 m) weitet sich das Tal und verschiedene Almwiesen bedecken den Talboden. Es handelt sich z. T. um artenarme Bürstlingrasen, z. T. um Rotschwingel- und Straußgrasreiche Bestände. Dort, wo stärker gedüngt wird, stellt sich eine anspruchsvollere Artengarnitur ein, mit *Trifolium pratense subsp. nivale, Achillea millefolium, Campanula scheuchzeri, Ranunculus acris, Deschampsia cespitosa, Poa alpina* und *Phleum alpinum* s. lat. Von den Hängen ziehen streifenförmige Lärchen-Zirben-Wälder herab, immer wieder unterbrochen von Grünerlenbeständen, Hochstaudenfluren und Geröllweiden. Ab der Schütthof-Alm (1630 m) dringen vermehrt Latsche *(Pinus mugo)* und Rost-Alpenrose *(Rhododendron ferrugineum)* in die Waldbestände ein, die an der orographisch linken Talseite bis zur Obersulzbach Hütte (1742 m) reichen. Typische Zwergstrauchgesellschaften sind im Bereich des Seebachsees und im Anschluss an den Wald anzutreffen.

Im oberen Keesboden (1950 m) gehen die Bürstlingrasen allmählich in die Pioniervegetation des Gletschervorfeldes über. Zu den häufigsten Arten zwischen den Moränengeröllen zählen: *Achillea moschata, Cerastium uniflorum, Saxifraga bryoides, Leucanthemopsis alpina, Trifolium pallescens, Euphrasia minima, Oxyria digyna, Doronicum clusii* und *Ranunculus glacialis.*

Krummseggenrasen und Violettschwingelrasen begleiten den Weg zur Kürsinger Hütte. Oberhalb 2500 m folgen Schneebodengesellschaften und subnivale Polsterpflanzenfluren.

▶ Krimmler Achental

Das Krimmler Achental ist das längste nördliche Tauerntal im Nationalpark Hohe Tauern und besitzt mit dem Krimmler Tauern (2.638 m) einen almwirtschaftlich bedeutenden Übergang ins Südtiroler Ahrntal. Von den Krimmler Wasserfällen bis zum Krimmler Kees führt der Weg durch die verschiedensten Vegetationsstufen. Die ersten 300 Meter der Steilstufe neben den tosenden Wasserfällen werden von einem moos- und farnreichen Fichtenwald eingenommen, in dessen Unterwuchs Säurezeiger *(Oxalis acetosella, Homogyne alpina, Vaccinium myrtillus, Luzula luzuloides, Avenella flexuosa, Lycopodium annotinum)*, Hochstaudenelemente (*Senecio ovatus, Veronica urticifolia, Petasites albus, Aconitum lycoctonum* agg., *Lactuca alpina, Gentiana asclepiadea)* und viele Farne *(Gymnocarpium dryopteris, Dryopteris filix-mas, Dryopteris dilatata, Athyrium filix-femina)* wachsen. Von der hohen Luftfeuchtigkeit zeugen die Lungenflechte *(Lobaria pulmonaria)*, großflächige Nabelflechten (*Umbilicaria* spp.) und Bartflechten (*Usnea* spp.).

Nach dem Ende der Steilstufe säumen zunächst Grobblockhalden mit Latsche *(Pinus mugo)* und Zwergsträuchern *(Vaccinium myrtillus, Vaccinium vitis-idaea, Vaccinium gaultherioides, Calluna vulgaris)* den Weg. Im subalpinen Fichtenwald ist vereinzelt die Zirbe eingestreut. Dann weitet sich das Tal und ausgedehnte Almwiesen bedecken den Talboden. Insgesamt sind es 20 Talalmen, die sich bis ins Innere Kees (1806 m) erstrecken und z. T. noch gemäht werden. Dementsprechend unterschiedlich ist die Artenzusammensetzung: Am artenärmsten sind die extensiv beweideten Bürstlingrasen; schon etwas besser dran sind die Rotschwingelrasen sowie die Goldhafer *(Trisetum flavescens)* und die Straußgras *(Agrostis capillaris)* Wiesen. Am üppigsten sind die reichlich gedüngten Flächen, deren sattes Grün von *Poa alpina, Phleum alpinum* s. lat., *Deschampsia cespitosa, Alchemilla vulgaris* agg., *Rumex alpestris* und *Ranunculus acris* herrührt. Dort, wo noch nicht entwässert wurde, haben sich einige schöne Flachmoore erhalten; am Hangfuß südlich der Äußeren Unlaß-Alm (1665 m) befindet sich ein kleines Latschenhochmoor. Die Hänge bekleiden fast reine Zirbenwälder, die nordseitig latschen- und zwergstrauchreich, südseitig reich an Alpen-Wacholder *(Juniperus communis subsp. nana)* und Echter Bärentraube *(Arctostaphylos uva-ursi)* sind und einen fast kontinentalen Eindruck vermitteln.

Ab der Inneren Kees-Alm (1806 m) ersetzen Latsche und Alpenrose den Wald. Eine Wanderung zu den Moränenwällen des Krimmler Keeses zeigt die verschiedenen Besiedlungsstadien, je nachdem, wie lange das Gelände bereits eisfrei ist. Nirgendwo sonst sind die einzelnen Moränenwälle so gut erhalten. Unmittelbar im Gletschervorfeld finden sich an auffallenden Arten: *Silene acaulis subsp. exscapa, Saxifraga bryoides, Phyteuma globulariifolium, Trifolium pallescens, Cerastium uniflorum, Achillea moschata, Leucanthemopsis alpina, Veronica alpina* und *Doronicum clusii.*

Der Weg zur Warnsdorfer Hütte (2334 m) führt durch einen Vegetationskomplex mit *Rhododendron ferrugineum* und *Agrostis agrostiflora.* Dazwischen treten immer wieder Weidezeiger wie *Cirsium spinosissimum, Aconitum lycoctonum* und *Deschampsia cespitosa* auf. Die eigentlichen Krummseggenrasen beginnen erst oberhalb der Warnsdorfer Hütte und leiten in der Folge zu den Polsterpflanzenfluren und Schneebodengesellschaften über.

▶ Verlandungsgesellschaften im Vorder- und Hintermoos des Hollersbachtales

Noch bevor der letzte Anstieg zur neuen Fürther Hütte beginnt, öffnet sich linker Hand ein weites Kar, dessen Grund von zwei großen Flachmooren bedeckt wird, dem Vordermoos in 1888 m Höhe und dem Hintermoos in 2009 m Höhe. Ehemals befanden sich Seen in dem Kar, die allmählich zugeschüttet wurden und verlandeten. Geblieben ist der Gebirgsbach, der in zahlreichen engen Windungen die Moore durchzieht. Die mehr oder weniger mächtigen Feinsandablagerungen mit z. T. beträchtlichem Torfaufbau haben ein buntes Mosaik an Feuchtgesellschaften geschaffen. In unmittelbarer Nähe des Wassers siedelt das Schnabelseggenried mit Bitterklee *(Menyanthes trifoliata)*, Sumpf-Veilchen *(Viola palustris)*, Schlamm-Segge *(Carex limosa)* und Riesel-Segge *(Carex paupercula)*. Die Moose sind durch *Drepanocladus exannulatus, Sphagnum compactum* und *Calliergon stramineum* vertreten. Etwas entfernt vom Schnabelseggenried schließt ein Rasenbinsenmoor an, das als die häufigste Anmoorgesellschaft in der subalpinen Stufe gilt. Zwischen den steifen Halmen der Rasen-Haarbinse *(Trichophorum cespitosum)* blühen Alpen-Fettkraut *(Pinguicula alpina)* und Sumpf-Dotterblume *(Caltha palustris)*. Weniger auffällig sind Wenigblüten-Segge *(Carex pauciflora)* und Dreiblüten-Simse *(Juncus triglumis)*. Ist der Boden nicht mehr ständig wassergesättigt, breitet sich der Braunseggensumpf aus. Er enthält bereits mehrere Arten aus dem benachbarten Weiderasen wie Rasenschmiele *(Deschampsia cespitosa)* und Blutwurz *(Potentilla erecta)*, dazu typische Feuchtigkeitszeiger wie Kronlattich *(Willemetia stipitata = Calycocorsus stipitatus)*, Nickend-Weidenröschen *(Epilobium nutans)*, Alpenhelm *(Bartsia alpina)*, Herzblatt *(Parnassia palustris)* und Faden-Simse *(Juncus filiformis)*. Lokal können Wollgräser wie das einköpfige Scheuchzer-Wollgras *(Eriophorum scheuchzeri)* oder das mehrköpfige

Vordermoos: Das Vordermoos, ein naturwissenschaftlich überaus interessantes Flachmoor und eine landschaftliche Kostbarkeit, wird vom mäandrierenden Weißenbach, dem östlichen Quellast des Hollersbachtales, malerisch durchflossen. Hier findet sich ein buntes Mosaik an Feuchtlebensgemeinschaften mit einer vielfältigen Flora und Fauna.

Schmalblatt-Wollgras *(Eriophorum angustifolium)* ein größeres Vorkommen erlangen.

Geringste Veränderungen im Wasserhaushalt können den Untergang dieser empfindlichen Feuchtgesellschaften bedeuten. Durch die enorme Speicherkraft des Moorkörpers haben die Verlandungsmoore eine wichtige Funktion für die Wasserregulation, zudem sind sie Heimstätte für zahlreiche Kleintiere und seltene Pflanzen, z. B. Orchideen.

▶ Rauriser „Urwald"

Im Talschluss des Hüttwinkltales, bei Kolm-Saigurn, hat sich trotz des Holz verbrauchenden Goldbergbaues im 15. Jahrhundert und der über lange Zeit durchgeführten Waldweide ein sehr ursprünglicher subalpiner Blockfichtenwald mit mehreren hundert Jahre alten Fichten, Lärchen und Zirben erhalten. Den Untergrund bildet grobblockiges Bergrutschmaterial, das sich nach der letzten Hochvereisung und dem Rückzug der Gletscher von den umliegenden Felswänden abgelöst hat. Durch diesen Wirrwarr an Felsblöcken windet sich ein Naturlehrweg, der vor über 30 Jahren auf Initiative des Naturschutzbundes angelegt und 1980 vom damaligen Bundespräsidenten Dr. Rudolf Kirchschläger eröffnet wurde. 2012 wurde dieser Erlebnispfad von der Nationalparkverwaltung überarbeitet und neugestaltet. Der Lehrweg schlängelt sich vorbei an Baumriesen und Moortümpeln durch den Blockwald. An 13 Stationen wird Besuchern die Tier- und Pflanzenwelt des Rauriser Urwaldes näher gebracht und Informationen über naturkundliche Besonderheiten geboten. Im Waldmuseum gibt das „Dschungelbuch" über die Geräusche des Waldes und seiner Bewohner Auskunft und begeistert vor allem Kinder. Der Lehrweg

Rauriser Urwald: Uriger Blockfichtenwald mit mehr als achtzig anmoorigen Tümpeln und Lacken. Viele Fichten zeigen als Anpassung an die vielen Schneemengen einen kurzastigen, ausgeprägt spitzkronigen Wuchs. Alle Entwicklungsphasen im Leben eines Baumes vom Keimling, bis zum mächtigen Altbaum und weiter bis zum ökologisch wichtigen „Totholz“ sowie die vielfältige Tier- und Pflanzenwelt dieses Naturkleinodes können entlang des Themenweges erlebt werden.

„Rauriser Urwald“ wurde in Kooperation mit dem Salzburger Naturschutzbund, den Österreichischen Bundesforsten und dem Haus der Natur erstellt. Vom Gasthof Tauernhaus (1628 m) beträgt die Gehzeit mit Aufenthalten ca. 2 Stunden, der Höhenunterschied ist mit 110 m gering. Bemerkenswert sind zunächst die Bäume: Viele Fichten haben als Anpassung an die großen Schneemengen im Winter kurze Äste entwickelt und sind spitzkronig, die alten Lärchen sind kandelaberförmig und die Zirben kegelförmig. Sie sind von zwei typischen Bartflechten, dem Braunen Baumbart *(Bryoria capillaris, B. fuscescens)* und dem Grünen Baumbart (*Usnea* spp.), behangen. Seltener ist die gelbe Wolfsflechte *(Letharia vulpina)*, die vornehmlich Lärchen besiedelt. Alle Entwicklungsphasen im Leben eines Baumes können beobachtet werden: Baumkeimlinge, die auf toten, umgefallenen Baumstämmen ein neues Leben beginnen („Kadaververjüngung“), dichte, buschige Jungbäume und reife, ausgewachsene Bäume. Die Terminal- und Zerfallsphase beginnt mit der altersbedingten Wipfeldürre und dem Absterben der Äste. Den Hauptaspekt in der Bodenvegetation bilden auf den moderreichen Böden Zwergsträucher wie Rost-Alpenrose *(Rhododendron ferrugineum)*, Heidelbeere *(Vaccinium myrtillus)*, Preiselbeere *(Vaccinium vitisidaea)* und Alpen-Nebelbeere *(Vaccinium gaultherioides)*. Dazwischen gedeihen mächtige Moospolster, unter ihnen das Etagenmoos *(Hylocomium splendens)*, das Rotstängelmoos *(Pleurozium schreberi)* und das Große Kranzmoos *(Rhytidiadelphus triquetrus)*. Felsige Kuppen werden von Latsche *(Pinus mugo)* und Zwerg-Wacholder *(Juniperus communis subsp. nana)* eingenommen.

Zu den häufigsten Pflanzen in der Krautschicht gehören Sauerklee *(Oxalis acetosella)*, Gewöhnlicher Wachtelweizen *(Melampyrum pratense)*, Alpen-Brandlattich *(Homogyne alpina)*, Wald-Habichtskraut *(Hieracium murorum)*, Schattenblümchen *(Maianthemum bifolium)*, Drahtschmiele *(Avenella flexuosa)*, Groß-Hainsimse *(Luzula sylvatica)* sowie verschiedene Farne. Es sind durchwegs Säure anzeigende Pflanzen. In Lichtungen weisen Bürstling *(Nardus stricta)*, Alpen-Ruchgras *(Anthoxanthum alpinum)*, Alpen-Rispengras *(Poa alpina)*, Gold-Fingerkraut *(Potentilla aurea)*, Gewöhnlich-Leuenzahn *(Leontodon hispidus)* und Pyramiden-Günsel *(Ajuga pyramidalis)* auf Beweidung hin, wahrscheinlich auch durch den dichten Besatz an Rot- und Rehwild bedingt. In den Senken kommen bis zu 80 Moortümpel vor, deren Wasser durch freie Huminsäuren dunkel gefärbt und sehr sauer ist. Am Rand gedeihen Torfmoose, Seggen *(Carex rostrata, Carex nigra, Carex flava)* und Wollgras *(Eriophorum angustifolium, E. vaginatum)*. Im Wasser tummeln sich Insektenlarven, Wasserläufer und Kaulquappen. Außerdem leben hier Alpenmolch und Grasfrosch. Aus der außergewöhnlich reichen Vogelwelt seien Bunt- und Schwarzspecht, Tannenmeise; Sperlingskautz, Fichtenkreuzschnabel und Tannenhäher erwähnt. Pflanzen wie Tiere nützen in einer sehr komplexen Lebensweise diesen einmaligen Lebensraum. Versuchen wir ihn zu verstehen und dadurch der Natur näher zu kommen!

▶ Innergschlöß, Gletscherlehrpfad „Schlattenkees"

Südexponierter Talhang, westlich des Almdorfes in ca. 1750 m: Auf grobblockigem, saurem Untergrund stockt ein Zirben-Lärchen-Wald. Der sandige Talboden entlang des unschön regulierten Baches wird landwirtschaftlich als Weide genutzt. An den nordexponierten Hängen breiten sich auf den ehemaligen Almflächen Grünerlen aus.

Der Lehrpfad wechselt zum anderen Bachufer und führt in Serpentinen die steilen Nordhänge hoch. Entlang des Wegrandes wachsen Schnee-Enzian *(Gentiana nivalis)*, Trauben-Steinbrech *(Saxifraga paniculata)*, Bergbach-Weidenröschen *(Epilobium fleischeri)*, Moschus-Schafgarbe *(Achillea moschata)*, Alpen-Tragant *(Astragalus alpinus)*, Milchlattich *(Lactuca alpina)* und Mondraute *(Botrychium lunaria)*.

Anschließend durchquert der Weg ein Grünerlengebüsch mit einer üppigen Hochstaudenflur. Darüber folgt ein Mosaik verschiedener Pflanzengesellschaften; Zwergstrauchheiden herrschen jedoch vor.

In etwa 2100 m Höhe findet sich ein Tümpel, umgeben von einem verarmten Braunseggenrasen mit Schmalblatt-Wollgras *(Eriophorum angustifolium)* und Rasen-Haarbinse *(Trichophorum cespitosum)*. Westlich der großen 1850er Moräne sind Silikatschuttfluren auf einem relativ steilen NW-Hang entwickelt. Auf einer kleinen Sanderfläche im Gletschervorfeld wachsen Schwarz-Edelraute *(Artemisia genipi)*, Kriech-Nelkenwurz *(Geum reptans)* und vereinzelt Scheuchzer-Wollgras *(Eriophorum scheuchzeri)*. In den Mulden gedeihen Schneebodengesellschaften.

Über glattpolierte Rundhöcker erreicht man die schotterbedeckte Gletscherzunge. Seit dem Gletscherhöchststand im Jahre 1850 zieht sich der Gletscher ständig zurück; die erwähnten Rundhöcker vor der Gletscherzunge sind erst seit ca. 1940 eisfrei und daher fast vegetationslos. Als Pioniere versuchen derzeit eine Schwingel-Art (*Festuca* sp.) und die Alpen-Kratzdistel *(Cirsium spinosissimum)* die Rohschuttböden zu besiedeln.

Der SO-gerichtete steile Gegenhang in ca. 2000 m ist schon seit etwa 150 Jahren eisfrei; hier finden sich, beeinflusst von Schafweide, Schneeboden- und Schuttgesellschaften wie die Säuerlingsflur, die Braunsimsenflur und der Krautweidenteppich. In ca. 1800 m führt der Lehrpfad durch eine Vernässungszone, die sich an Quellaustritten entwickelt hat (Braunseggenrasen).

Gletscherschaupfad Innergschlöß: Der vierstündige Rundweg führt vom Almdorf Innergschlöß vorbei an Wasserfällen, Seen und Mooren über mit vielen Pionierpflanzen geschmückte Moränen und einen weitläufigen Gletscherschliff zum Rand des Schlatenkeeses direkt unter dem Großvenediger.

Der Oesterreichische Alpenverein errichtete bereits im Jahr 1978 entlang der beschriebenen Wanderung einen Gletscherlehrweg. Ein handliches Buch beschreibt 28 Stationen entlang des Weges und gibt Auskunft über naturkundliche Besonderheiten in der unmittelbaren Umgebung sowie Bergtouren, Hütten und vieles andere mehr.

▶ Umbaltal

Am Weg von der Peballalm zur Clara-Hütte hat sich auf einem ehemaligen Almboden unter dem Blinig eine erwähnenswerte üppige Hochstaudenflur in 1660 m erhalten. In der Krautschicht gedeihen: Wolfs-Eisenhut (*Aconitum lycoctonum* agg.), Rispen-Eisenhut (*Aconitum degenii subsp. paniculatum*), Kletten-Ringdistel (*Carduus personata*), Grau-Alpendost (*Adenostyles alliariae*), Berg-Baldrian (*Valeriana montana*), Türkenbund-Lilie (*Lilium martagon*), Wimper-Kälberkropf (*Chaerophyllum hirsutum*), Wald-Storchschnabel (*Geranium sylvaticum*), Wollkopf-Kratzdistel (*Cirsium eriophorum*), Berg-Ringdistel (*Carduus defloratus*), Bach-Nelkenwurz (*Geum rivale*), Rote Lichtnelke (*Silene dioica*), Berg-Bärenklau (*Heracleum sphondylium subsp. elegans*), Quirl-Salomonssiegel (*Polygonatum verticillatum*), Akelei-Wiesenraute (*Thalictrum aquilegiifolium*), Frauenmantel-Arten (*Alchemilla* spp.), Wiesen-Leuenzahn (*Leontodon hispidus*), Perücken-Flockenblume (*Centaurea pseudophrygia*), Alpen-Ribisel (*Ribes alpinum*) u. a. m.

Auch der herausragende Felsrücken ist floristisch interessant: Er weist eine Reihe von Trockenzeigern auf wie Sebenstrauch (*Juniperus sabina*), Kriech-Quendel (*Thymus praecox*), Trauben-Steinbrech (*Saxifraga paniculata*), Berg-Lauch (*Allium lusitanicum*),

Umbalfälle: Im Winter fast bescheiden ruhig, donnern die Umbalfälle an späten Juli-Nachmittagen mit der Urgewalt eines Gletscherbachs zu Tal. Einst sollten sie für ein Großkraftwerk verstummen, heute jedoch bereichern die berühmten Katarakte den Nationalpark Hohe Tauern mit ihrer einzigartigen Schönheit.

Wild-Nelke *(Dianthus sylvestris)*, Spinnweb-Hauswurz *(Sempervivum arachnoideum)*, Kahl-Steinröschen *(Daphne striata)*, Alpen-Steinquendel *(Clinopodium alpinum)*, Klein-Wiesenraute *(Thalictrum minus)*, Schillergras (*Koeleria pyramidata* agg.), Brillenschötchen *(Biscutella laevigata)*, Echt-Schafgarbe *(Achillea millefolium)*, Arznei-Baldrian (*Valeriana officinalis* s. lat.), Zypressen-Wolfsmilch *(Euphorbia cyparissias)*, Alpen-Spitzkiel *(Oxytropis campestris)*, Augentrost (*Euphrasia* spp.) und Wiesen-Kümmel *(Carum carvi)*, um nur einige zu nennen.

Die Tiroler Nationalparkverwaltung hat von Ströden weg entlang der ersten Katarakt-Stufe einen beeindruckenden Erlebnispfad mit Aussichtsplattformen errichtet, von welchen aus die Urkraft der Isel hautnah gespürt werden kann. Zusätzlich gibt es einen naturkundlichen Wanderführer, herausgegeben vom Oesterreichischen Alpenverein.

▶ Sajatmähder/Virgental

Die oberhalb Prägraten gelegene Sajat-Hütte (2600 m) und deren Umgebung ist aufgrund der abwechslungsreichen Gesteinsunterlage (hauptsächlich sind es Kalkglimmerschiefer der Tauernschieferhülle) ausgesprochen blumenreich. Schon der steile Aufstieg von Bichl durch die von Wacholderarten (Zwerg-Wacholder/*Juniperus communis subsp. nana*, Sebenstrauch/*Juniperus sabina*), Berberitze *(Berberis vulgaris)*, Stachelbeere *(Ribes uva-crispa)* und der hochwüchsigen Woll-Kratzdistel *(Cirsium eriophorum)* unterbrochenen Lärchwiesen weist einige Trockenzeiger auf: Heilwurz *(Seseli libanotis)*, Klein-Wiesenraute *(Thalictrum minus)*, Pyramiden-Schillergras (*Koeleria pyramidata* agg.) und andere. Nach oben zu wird es etwas basischer. So fallen an den seichtgründigen Rippen Kalkzeiger auf wie Brillenschötchen *(Biscutella laevigata)*, Alpen-Steinquendel *(Clinopodium alpinum)*, Kalk-Blaugras *(Sesleria caerulea = S. albicans = S. varia)*, Breitblatt-Laserkraut *(Laserpitium latifolium)*, Kriech-Gipskraut *(Gypsophila repens)*, Felsen-Schöterich *(Erysimum sylvestre)* und einige Orchideen *(Orchis ustulata, Gymnadenia odoratissima* und *G. conopsea)*. Feuchtigkeitszeiger wie Trollblume *(Trollius europaeus)* und Pfeifengras *(Molinia caerulea)* finden sich in den Gräben.

Außerhalb des Waldes, etwa ab 1720 m, gehen die Wiesen in artenreiche, durch Jahrhunderte gemähte Goldschwingelrasen über. Aus dieser Artenfülle seien einige herausgenommen: Großkopf-Pippau *(Crepis conyzifolia)*, Knollen-Läusekraut *(Pedicularis tuberosa)*, Hängeblüten-Tragant *(Astragalus penduliflorus)*, Berg-Lauch *(Allium lusitanicum)*, Türkenbund-Lilie *(Lilium martagon)*, Braun-Klee *(Trifolium badium)*, Clusius-Enzian *(Gentiana clusii)*, Alpenmaßlieb *(Bellidiastrum michelii)*, Wolfs-Eisenhut (*Aconitum lycoctonum* agg.), Platanen-Hahnenfuß *(Ranunculus platanifolius)*, Rhellicanus-Kohlröschen *(Nigritella rhellicani)*, Filz-Steinmispel *(Cotoneaster tomentosus)*, Jacquin-Simse *(Juncus jacquinii)*, Blätter-Läusekraut *(Pedicularis foliosa)*, Kahl-Steinröschen *(Daphne striata)*, Hängefrucht-Rose *(Rosa pendulina)*, Alpen-Sonnenröschen *(Helianthemum alpestre)*, Langblatt-Witwenblume *(Knautia longifolia)*, Allermannsharnisch *(Allium victorialis)*, Mondraute *(Botrychium lunaria)* und viele andere mehr.

Wegen der Blumenpracht und dem wunderschönen Panorama ist auch der Prägratner Höhenweg von der Sajat-Hütte zur Eisseehütte (2500 m) sehr empfehlenswert.

Botanisieren kann man entlang des Weges, der an den steilen Bergflanken verläuft. Es sind vor allem Pflanzen der Blaugrashalde und des Goldschwingelrasens vertreten: Alpen-Süßklee *(Hedysarum hedysaroides)*, Alpen-Spitzkiel *(Oxytropis campestris)*, Alpen-Aster *(Aster alpinus)*, Frühlings-Kuhschelle *(Pulsatilla vernalis)*, Kugel-Teufelskralle *(Phyteuma orbiculare)*, Alpen-Echt-Wundklee *(Anthyllis vulneraria subsp. alpicola)*, Edelweiß *(Leontopodium alpinum)*, Echte Alpenscharte *(Saussurea alpina)*, Alpen-Tragant *(Astragalus alpinus)*, Silberwurz (*Dryas octopetala*), Arnika *(Arnica montana)*, Moschus-Schafgarbe *(Achillea moschata)*, Hornklee *(Lotus corniculatus)*, Kopf-Läusekraut *(Pedicularis rostratocapitata)* u. a. m. Im Timmeltal sind Zwergstrauchheiden und Bürstlingrasen verbreitet. Prachtvoll sind die Quellfluren, Schneeböden und Polsterfluren zwischen der Eisseehütte und dem Wallhorntörl (3045 m). Einige seien aufgezählt: Bachkresse *(Cardamine amara)*, Mieren-Weidenröschen *(Epilobium alsinifolium)*, Bunt-Schachtelhalm *(Equisetum variegatum)*, Alpen-Soldanelle *(Soldanella alpina)*, Schwarze und Echte Edelraute *(Artemisia genipi* und *A. mutellina)*, Schnee-Enzian *(Gentiana nivalis)* und Alpenmargerite *(Leucanthemopsis alpina)*.

Nicht minder interessant ist der Weg von der Sajat-Hütte über die Sajat-Scharte zur Johannishütte (2121 m). Trittsicherheit ist auf diesem Sajat-Höhenweg erforderlich. Man begegnet Pflanzen des Krummseggenrasens, der Blaugrashalde, Schutt- und Polsterpflanzen.

▶ Blumenweg St. Jakob – Oberseite

Das Kernstück des aussichtsreichen Blumenweges „Oberseite – St. Jakob" sind die artenreichen „B'sehers Laner" und teilweise auch die „Rommesfelder" zwischen der Frölitz-Alm (2314 m) und der Erlsbacher Alm (2183 m). Bedingt wird der Artenreichtum dieser Wildheumähder (es handelt sich um üppige Goldschwingelwiesen – siehe Seite 84) durch eine Mischung aus „Kalk- und Säurezeigern". Diese ist auf eine räumliche Durchmischung unterschiedlicher Gesteine zurückzuführen. Das kalkhaltige Gestein ober den Rommesfeldern stammt u. a. von einer Marmorscholle nördlich des Weges, von den Einheimischen als „Weiße Wand" bezeichnet. Ansonsten überwiegen entlang des Blumenweges Granite (Tonalite), Gneise, Glimmerschiefer und silikatisches Moränenmaterial. Die Wiesen sind das Resultat oberflächlicher Aushagerung durch jahrhundertelange Bewirtschaftung. Im ausgehenden Mittelalter wurde immer mehr Grünland dem Wald abgerungen, im Talbereich von St. Jakob wurde Getreide angebaut, die seitlich gelegenen Hochtäler wurden als Weideland für das Vieh genutzt, und jene Flächen, die für eine Beweidung zu steil waren, wurden in Form von Bergmähdern genutzt. Immerhin beträgt diese Fläche auf der „Obeseite" von St. Jakob 300 Hektar. Man „isch" bis in die 50er-Jahre des vergangenen Jahrhunderts „in Berg gang", um dort 6 bis 7 Wochen lang (von Ende Juli bis Anfang September) unterschiedliche Flächen zu mähen, denn eine jährliche Mahd derselben Fläche hätte zu wenig Ertrag gebracht.

Der Weg zum besagten Blumenparadies führt entweder über einen steilen Waldanstieg von Erlsbach zur Erlsbacher Alm (2183 m) oder über einen längeren Anstieg von der Trojer Alm (ca. 1700 m) oberhalb St. Jakob.

Im Aufstieg von der Trojer Alm ist ein Fichten-Lärchen-Zirben-Wald zu durchqueren, es folgen Zwergstrauchheiden mit Rost-Alpenrose, Zwerg-Wacholder und kleineren Zwergsträuchern (Heidelbeere, Preiselbeere), durchsetzt von sauren alpinen Rasenbändern. Bürstlingrasen (z. B. schön ausgebildet um die „Rostlacke", und artenreicher und höherwüchsig im Mosertal, da weniger stark beweidet) und Lägerfluren (um Almhütten, z. B. bei der „Reggn-Alm" oder bei der Erlsbacher Alm) bestimmen die flacheren Geländeteile, Krummseggenrasen die höheren über Silikat gelegenen alpinen Urwiesen. Blaugras-Horstseggenwiesen nehmen die steilen Kalkglimmerschieferhänge ein, auch sie wurden einst gemäht. Gefestigtes, dem Wind ausgesetztes saures Moränenmaterial besiedelt als Windeckengesellschaft der flechtenreiche „Gämsheideteppich", ansonsten ist die Schuttvegetation teilweise offen. Quellfluren begleiten die Bäche, flachere Quellaustritte zeigen Pflanzen der kalkreichen Quellmoore. Aus den Lawinenstrichen heraus dringen zudem Grün-Erlen in nunmehr nicht bewirtschaftetes Weideland vor. Diese Grün-Erlen wer-

den von den Einheimischen als „Lutterstauden" bezeichnet, zwischen ihnen wachsen zahlreiche Hochstauden.
Der Oesterreichische Alpenverein hat auch zu dieser Wanderung einen natur- und kulturkundlichen Führer herausgegeben, welcher entlang von Haltepunkten viel Interessantes zur Umgebung erzählt.

▶ Oberhauser Zirbenwald

Westlich von St. Jakob im hintersten Defereggental befindet sich zwischen 1770 und 2250 m Seehöhe auf stellenweise sehr steilen, südwestexponierten Bergflanken der hinterste ausgedehnte geschlossene Waldbestand des Defereggentales mit einer Gesamtfläche von 275 ha. Altkristalline phyllitische Muskovit-Glimmerschiefer bilden das anstehende Gestein; verbreitet sind grobblockige Bergsturzhalden. Die vorherrschende Waldform ist der Silikat-Zirbenwald bzw. der Lärchen-Zirben-Wald. Im Unterwuchs dominieren je nach Standort Rost-Alpenrose *(Rhododendron ferrugineum)*, Woll-Reitgras *(Calamagrostis villosa)*, Weiß-Hainsimse *(Luzula luzuloides)*, Zwerg-Wacholder *(Juniperus communis subsp. nana)*, Grün-Erle *(Alnus alnobetula)* und verschiedene Rentierflechten *(Cladonia mitis, Cladonia rangiferina)*. Oberhalb der Waldgrenze, etwa ab 2200 m, dehnen sich verschiedene Zwergstrauchgesellschaften aus, z. B. die Krähenbeere-Rauschbeerheide, der Gämsheideteppich und die Zwergwacholder-Bärentrauben-Heide. Die Wuchsleistung der Hauptbaumart Zirbe ist standörtlich verschieden: die Baumhöhen schwanken zwischen 8 und 18/22 m. Die mit 447 Jahren ältesten Zirben finden sich auf flachgründigen, kargen Blockstandorten. Die Lärchen erreichen Höhen zwischen 25 und 34/37 m, sie sind zu einem beachtlichen Anteil, bedingt durch ehemalige Beweidung, auf Hangschuttstandorten anzutreffen. Brusthöhendurchmesser bis zu 132 cm sind keine Seltenheit. Unter 1950 m gesellt sich die Fichte den erwähnten Baumarten hinzu. Randbereiche der von Grün-Erlen bestandenen Lawinengassen besiedeln Birken; Blockstandorte besiedelt mitunter auch die Eberesche. Pollenanalytische Untersuchungen und Datierungen mit der Radiokarbonmethode (C-14-Datierung) aus der jetzt waldfreien Umgebung (Jagdhaus-Alpe) haben ein Vorhandensein der Zirbe in dieser Gegend schon vor 7000 Jahren ergeben. Sehr früh schon, nämlich in der Bronzezeit, begann die Nutzung in Form lokaler Schläge, um Weideland zu gewinnen. Während der Kelten- und Römerzeit war noch ein aufgelockerter Wald vorhanden, ab dem Mittelalter ist infolge Almwirtschaft und der damals ausgeübten Brandrodung die weitere Umgebung der derzeitigen Zirbenwaldfläche waldfrei geworden. Auch wenn der Oberhauser Zirbenwald heute noch durch ein Waldweiderecht grundbürgerlich belastet ist, so ist er dennoch in vielen Bereichen (Blockwald) für das Weidevieh unbegehbar oder er bleibt unbeweidet (Reitgras-Flächen). Diese natürlichen prächtigen Zirben- und Lärchenbestände sind für Liebhaber dieser Nadelhölzer sicherlich einen Ausflug wert.

Der naturkundlich besonders kostbare Zirbenwald ist als Naturwaldzelle ausgewiesen und steht damit unter strengem Naturschutz.

Die Tiroler Nationalparkverwaltung hat vom Gasthaus Oberhaus beginnend einen Lehrpfad (Rundweg) eingerichtet, welcher anhand von Schautafeln zahlreiche interessante natur- und kulturkundliche Informationen über die Gegend bietet.

▶ Für trittsichere Hochstauden-Liebhaber – die „Stiege" NW Kals

Das Kalser Dorfertal erstreckt sich vom Kalser Tauern im Norden (2518 m) bis zur Daber-Klamm im Süden. Bevor es einen für Anrainer befahrbaren Weg mit Tunnel durch die Daber-Klamm gab, musste man die Klamm über einen steilen, nicht ungefährlichen Weg, der über die Moaralm (1793 m) führte, umgehen. Diesen einstigen Viehweg nannte man „Stiege".

Heutzutage ist die „Gerhard-Liebl-Aussichtswarte" in 1800 m Seehöhe, die man über eine asphaltierte Straße oder einen Wanderweg von der Gehöftgruppe „Spöttling Taurer" aus erreicht, ein guter Ausgangspunkt. Zum „Spöttling Taurer" führt auch der Rückweg (eventuell hier parken) durch die Daber-Klamm.

Der Aussichtspunkt, wenige Autominuten ober dem Parkplatz, bietet einen traumhaften Blick ins äußere Dorfertal, jenes Tal, welches einst nach der Planung der Energiewirtschaft durch eine riesige Staumauer vor der Daber-Klamm abgeriegelt und aufgestaut werden sollte. Der Blick schweift von der artenreichen Wiese im Vordergrund, vorbei an den Zirbenbeständen an der steilen Flanke des Bretterbodens bis in den Talgrund des Dorfertales, der von den vereisten Bergen der Granatspitze abgeschlossen wird. Auf der gegenüberliegenden Talseite erblicken wir links die Gradötzwand, dahinter den Kleinen Adlerkopf und dazwischen die Ochsenalm; die schneebedeckten Berge im Hintergrund, links der Medelzkogel und rechts das Eiskögele mit dem Hohen Kasten.

Hier bei der Aussichtswarte findet sich ein buntes Gemisch aus basischen und sauren Pflanzen, welche die geologisch verzahnte, mosaikartige Gesteinsunterlage aus Kalkglimmerschiefern und Silikatgesteinen (Schiefer, Quarze) dokumentieren. So fallen in der die Aussichtswarte umgebenden Mähwiese immer wieder hochwüchsige Alpenpflanzen auf: Trollblume *(Trollius europaeus)*, Wiesen-Bärenklau *(Heracleum sphondylium)*, Einkopf-Ferkelkraut *(Hypochaeris uniflora)*, Großkopf-Pippau *(Crepis conycifolia)*, Kletten-Ringdistel *(Carduus personata)*, Wald-Storchschnabel *(Geranium sylvaticum)*, Platanen-Hahnenfuß *(Ranunculus platanifolius)*, Echte Alpenscharte *(Saussurea alpina)*, Langsporn-Händelwurz *(Gymnadenia conopsea)*, Küchenschelle *(Pulsatilla alpina)*, Glanz-Skabiose *(Scabiosa lucida)* und Blasen-Leimkraut *(Silene vulgaris)*. An Felsblöcken finden sich Alpen-Waldrebe *(Clematis alpina)*, Kalk-Blaugras *(Sesleria caerulea = S. albicans)*, Scheuchzer-Glockenblume *(Campanula scheuchzeri)* und Fuchs-Greiskraut *(Senecio ovatus)*. Mehr in Bodennähe blühen Großblüten-Sonnenröschen *(Helianthemum grandiflorum)*, Gletscher-Klappertopf *(Rhinanthus glacialis)*, Kriech-Gipskraut *(Gypsophila repens)*, Silberwurz *(Dryas octopetala)* und Netz-Weide *(Salix reticulata)*.

Knapp unter dem Aussichtspunkt beginnt der Steig über die sogenannte „Stiege". Auch wenn dieser sich zwischen Felswänden steil zu Tale schlängelt, Liebhabern von üppigen Hochstaudenfluren sei dieser Weg, außer bei nassen Wetterbedingungen (Rutschgefahr), auf jedem Fall empfohlen.

Der schmale Steig zwischen Felswänden hindurch ist mancherorts mit Drahtseilen gesichert, öfters erleichtern auch Steinstufen das steile Abwärtsgehen. Einst wurde hier sogar Vieh von den Hochalmen zu Tale getrieben, bei nassem Boden und für Schwindelanfällige besteht jedoch Lebensgefahr. „Botanisieren" sollte man jedoch immer nur nach dem „Stehenbleiben"!

Man wird belohnt. Innerhalb der lockeren Lärchenbestände breiten sich vereinzelt Grün-Erlen aus, die übrigens Dank Bakterien in den Wurzeln Luftstickstoff binden können. Und gerade dieser Stickstoff wirkt wie Dünger für die Hochstauden. Alpen-Milchlattich *(Lactuca alpina)* und Grau-Alpendost *(Adenostyles alliariae)*, Meisterwurz *(Peucedanum ostruthium)*, Bärenklau und Fuchs-Greiskraut prägen das Bild, hinzu gesellen sich Quirl-Salomonssiegel *(Polygonatum verticillatum)*, Alpen-Goldrute *(Solidago virgaurea subsp. minuta)*, Farne (Lanzenfarn/*Polystichum lonchitis*), Frauenfarn *(Athyrium filixfemina, A. distentifolium* u. a.), Hain-Sternmiere *(Stellaria nemorum)*, Dreischnittig-Baldrian *(Valeriana tripteris)*, Akelei-Wiesenraute *(Thalictrum aquilegiifolium)*, Wald-Vergissmeinnicht *(Myosotis sylvatica)*, Groß-Brunelle *(Prunella grandiflora)* und Flecken-Johanniskraut *(Hypericum maculatum)*, blau blühende Teufelskrallen und schwer bestimmbare, gelb blühende Habichtskräuter. An Sträuchern fallen zudem die vielen Felsen-Ribiseln *(Ribes petraeum)* auf, hie und da auch Himbeeren *(Rubus idaeus)* und sowohl Rost-(Silikatgestein) wie auch Wimper-(Kalkzeiger) Alpenrosen *(Rhododendron ferrugineum* und *Rh. hirsutum)*, dazwischen immer wieder kleinere Ebereschenbäume (= Vogelbeeren/*Sorbus aucuparia*).

An Grasartigen dominieren Bunt-Reitgras *(Calamagrostis varia)* auf kalkhältigem Untergrund und Rasenschmiele *(Deschampsia cespitosa)* sowie Weiß-Hainsimse *(Luzula luzuloides)* auf sauren Böden.

In feuchten Senken finden sich immer wieder Goldnessel (*Galeobdolon montanum* agg.), Bach-Nelkenwurz *(Geum rivale)* und Studentenröschen *(Parnassia palustris)* sowie das Sumpf-Läusekraut *(Pedicularis palustris)*. An „Eisenhüten" gibt es während des Abstiegs gleich drei Arten zu bewundern, die beiden blau blühenden, nämlich den Echt-Eisenhut *(Aconitum napellus)*, und den Rispen-Eisenhut (*Aconitum variegatum* agg.) sowie den gelben Wolfs-Eisenhut (*Aconitum lycoctonum* agg.).

In den Felsspalten der kalkhältigen Felswände finden sich trockenheitsertragende Pflanzen wie die Aurikel *(Primula auricula)*, Felsen-Hungerblümchen *(Draba dubia)*, Trauben-Steinbrech *(Saxifraga paniculata)*; die trockenen Felsflächen besiedeln hingegen Fels-Leimkraut *(Atocion rupestre)*, Kriech-Quendel *(Thymus praecox)*, Berg-Hauswurz *(Sempervivum montanum)* und diverse Moose wie z. B. das Graue Zackenmützenmoos *(Racomitrium canescens)*.

Der Abstieg wird im untersten Bereich flacher, die von Geröll durchdrungenen Kuh-Weiden, hauptsächlich aus Rasenschmiele und Bürstling *(Nardus stricta)* aufgebaut, weisen jedoch noch immer einige auffallende Pflanzen auf: Türkenbund-Lilie *(Lilium martagon)* zwischen Felsen vor dem Vieh geschützt, ist gar nicht selten; ansonsten sind die Weiß-Leimkraut = Weiß-Lichtnelke *(Silene latifolia)*, Berg-Sauerampfer *(Rumex alpestris)*, Frauenmantel (*Alchemilla* spp.), Weiß-Germer *(Veratrum album)* und vor allem zwei Disteln, nämlich die Woll-Kratzdistel *(Cirsium eriophorum)* und die Alpen-Kratzdistel *(Cirsium spinosissimum)* typische Dünge- bzw. Weidezeiger, die auf die Störung durch den hier bewirtschaftenden Menschen hinweisen, speziell auch die schöne hochwüchsige Geruchlos-Ruderalkamille *(Tripleurospermum inodorum)*. Um die Almhütten hingegen wird das Vieh ferngehalten, hier werden die Wiesen gemäht („geheugt"). Aber auch die Blumen hier ziehen unzählige Mohrenfalter und Bläulinge an.

Der breite Fahrweg zurück zum Ausgangspunkt ist floristisch eher uninteressant, landschaftlich hingegen ist die Daber-Klamm sicherlich beeindruckend.

In den lokalen Nationalpark-Informationsstellen sind darüber hinaus eine Reihe von kleinen Naturführern und Handreichungen erhältlich; dieses Angebot wird ständig erweitert.

Glossar

Ährchen: Teilblütenstand der Süß- und Sauergräser, von trockenhäutigen Hochblättern (= Spelzen) eingehüllt, ein bis mehrblütig.

Ähre: einfacher Blütenstand mit ungestielten, sitzenden Blüten in den Achseln von Hochblättern (= Brakteen).

Alpenschwemmling: Gebirgspflanze, die als Same, Pflanzenteil oder ganze Pflanze vom Wasser in tiefer gelegene Regionen transportiert wird.

anspruchsvoll: nur auf nährstoffreichen Böden wachsend.

arktisch-alpin: Das Verbreitungsareal besteht aus einem Teilareal in der Arktis und einem Teilareal in der alpinen Stufe der Alpen und/oder anderer mittel- oder südeuropäischer Gebirge; erklärbar durch die Klimaverhältnisse während der Eiszeiten (insbesondere der letzten), als Wanderungen von Pflanzenarten zwischen den beiden Gebieten stattgefunden haben.

Ausläufer: waagrecht ober- oder unterirdisch verlaufender Seitentrieb einer Pflanze.

basenreich: Standorte mit alkalischer Reaktion und überwiegend Ca- und Mg-Ionen.

Beere: fleischige, saftige Frucht aus einem Fruchtblatt oder mehreren Fruchtblättern bestehend, meist vielsamig.

Blätter: in diesem Buch: Laubblätter, d. h. nicht Keimblätter, Niederblätter, Hochblätter, Hüllblätter, Blütenblätter etc.

bodenvag: pH-indifferent, sowohl auf basischen (kalkreichen) wie sauren Böden wachsend.

Biotop: Ein bestimmter, konkreter Lebensraum in der Landschaft.

Brutknospen (Brutknöllchen, Brutzwiebeln, Bulbillen): der vegetativen Ausbreitung dienende, schließlich abfallende, meist speichernde Sprossknospen.

Deckblatt: Blütentragblatt, aus dessen Achsel eine Blüte entspringt

Differentialart: Trennart; unterscheidet eine Pflanzengesellschaft von einer anderen

Dolde: schirmartiger Blütenstand, bei dem die Blütenstiele von einem Punkt der gestauchten Hauptachse ausgehen.

Drüsenhaar: Haar mit ein- oder mehrzelligem, meist rundlichem Endköpfchen, das ein Sekret abscheidet.

einseitswendig: Blüten oder Blätter in eine Richtung orientiert.

Endemit, endemisch: Sippen (Unterarten, Arten, Gattungen usw.), die auf ein anzugebendes Gebiet, das meist vergleichsweise klein ist, beschränkt sind. Sippen, die nur geringfügig auch außerhalb des betreffenden Gebiets vorkommen, nennt man Subendemiten, z. B. sind *Comastoma nanum* und *Braya alpina* Subendemiten Österreichs (= in Österreich subendemisch). Der Brandlattich ist in Europa endemisch, d. h. alle (drei) Arten diese Gattung sind ausschließlich in Europa verbreitet.

einhäusig: männliche und weibliche Blüten befinden sich auf demselben Individuum einer Pflanzenart.

Fiederblatt: ein aus mehreren Einzelblättchen (Fiedern) zusammengesetztes Blatt. Die Fiedern befinden sich meist paarweise an der verlängerten Blattspindel.

FFH: Flora-Fauna-Habitat. Natura-2000-Schutzgebiet-Netzwerk, zur Erhaltung von Pflanzen und Tieren. FFH-Habitate unterliegen den EU-Richtlinien.

Flachmoor (Niedermoor): durch Verlandung eines Gewässers oder durch Versumpfung entstandenes Moor mit deutlicher Humusauflage; relativ nährstoffreich, neutral bis schwach sauer.

Flora: Gesamtheit der Pflanzenarten (samt Unterarten und Varietäten) eines bestimmten Gebietes.

Fruchtblatt: meist mehrere, miteinander verwachsene Fruchtblätter bilden den Stempel, das weibliche Blütenorgan, das sich in Fruchtknoten, Griffel und Narbe gliedert. Der Fruchtknoten wird zur Frucht, er enthält die Samenanlagen, aus denen sich die Samen entwickeln. Bei einigen wenigen Familien bildet ein einzelnes Fruchtblatt den Stempel.

Geoelement (Florenelement): Pflanzenart mit nahezu gleicher oder ähnlicher Verbreitung.

Glazial: durch den Gletscher beeinflusst.

Gliederhaar: mehrzelliges Haar.

Hochmoor: durch Torfmoose gebildetes, meist uhrglasförmig aufgewölbtes Moor, das ausschließlich durch Regenwasser gespeist wird; extrem sauer und nährstoffarm.

Höhenstufen: collin (Hügelstufe) – submontan – montan (Bergstufe) – subalpin (Krummholzstufe) – alpin (Rasenstufe) – nival (Schneestufe).

Hülse: Aus einem Fruchtblatt bestehende Trockenfrucht, die sich an zwei Nahtstellen öffnet und die Samen entlässt.

Horst: Büschel aus dicht nebeneinander stehenden, mehr oder weniger senkrechten Pflanzentrieben.

Kätzchen: dichter, kurzer, ährenartiger, manchmal hängender, eingeschlechtlicher Blütenstand.

Kapsel: trockenwandige Streufrucht aus mehreren verwachsenen Fruchtblättern. Je nach Öffnungsweise wird zwischen Spalt-, Zahn-, Poren- und Deckelkapsel unterschieden.

Kees: Gletscher

Köpfchen, Blütenköpfchen: Blütenstand mit mehreren bis zahlreichen ungestielten Blüten, die etwa am selben Punkt der Achse entspringen.

Korb (= Körbchen): Köpfchen, dessen Ansatzpunkt der Blüten scheibenförmig verbreitert ist (= Korbboden) und das von einer Hochblatthülle umgeben ist, z. B. der Blütenstand der Korbblütler.

Krone, Kronblätter: gefärbte Blütenblätter, die sich von den Kelchblättern unterscheiden und der Anlockung von Insekten dienen.

Kurztrieb: kurzer, ein- oder mehrjähriger Spross mit gestauchten Achsenabschnitten, an dem die Blätter „rosettig" stehen.

Langtrieb: längerer ein- oder mehrjähriger Spross mit weiter entfernt stehenden Blättern.

Lippenblüte: Blüte oder verwachsenblättrige Krone mit nur einer Symmetrieachse, deren Saum eine Oberlippe und eine Unterlippe bildet, z. B. bei den meisten Lippenblütlern.

Moräne: vom Gletscher transportiertes und abgelagertes, unterschiedlich stark zerriebenes Gesteinsmaterial.

Nektarblatt (Honigblatt): Blütenblatt mit Nektar absondernder Drüse (= Nektarium).

Nuss: Schließfrucht, in der der Samen von einer dickwandigen, harten Schale umgeben ist.

Ökosystem: Wirkungsgefüge zwischen Lebewesen und Umwelt.

Pappus: Haarkelch bei den Korbblütlern.

Parasit (Halbparasit): Schmarotzer, der auf anderen Pflanzen lebt. Ganzparasiten (Vollparasiten) sind bleich, ohne grüne Laubblätter und entziehen dem Wirt alle benötigten Nährstoffe. Halbparasiten besitzen grüne Blätter und können daher Photosynthese betreiben.

Perigon: Blütenhülle, aus gleichartigen Blütenhüllblättern zusammengesetzt.

Podsolboden: saurer, nährstoffarmer Boden der subalpinen Stufe mit auffällig fahlem Horizont und mächtiger Rohhumusauflage („Aschenboden").

pseudovivipar: vegetative Knospen (Brutknöllchen oder Brutzwiebelchen) keimen noch an der Mutterpflanze. (Echte Viviparie: die Samen keimen an der Mutterpflanze.)

Quirl: mehrere Blätter oder Blüten entspringen an einem Knoten des Stängels.

Rhizom: unterirdischer, meist horizontal wachsender Speicherspross.

Rispe: mehrfach verzweigter Blütenstand mit jeweils einer Endblüte.

Rosette: Spross mit sehr kurzen, gestauchten Achsabschnitten. Blätter dadurch dicht übereinanderfolgend.

sauer: Gegensatz zu basenreich, Böden mit niedrigem pH-Wert. Bedeutet nicht „nass"!

Schieferhülle,Tauernschieferhülle: Bildet den Rahmen des tektonischen „Tauernfensters", besteht hauptsächlich aus basenreichen Silikatgesteinen (Bündner Schiefern), z. B. Kalkglimmerschiefer, die als „Intermediärgesteine" eine Mittelstellung zwischen Karbonat- und sauren Silikatgesteinen einnehmen.

Schote:trockenhäutige Öffnungsfrucht aus zwei Fruchtblättern und einem in der Mitte stehenden, Samen tragenden Rahmen.

Schötchen: Schote, die höchstens 3-mal so lang wie breit ist.

Splintholz: heller, äußerer Holzteil, der sich meist gut vom dunkleren, inneren Kernholz unterscheidet.

Sporangium: Sporenbehälter („Sporenkapsel") bei Farnen, Bärlappgewächsen und Moosfarngewächsen.

Spore: Verbreitungseinheit u. a. bei Farnen, Moosen und Pilzen.

Sporn: hohler, meist nektarreicher Blütenfortsatz.

Spross (Trieb): setzt sich aus Achse und Blättern zusammen.

Staubblatt: männliches Blütenorgan von Samenpflanzen, in dessen Staubbeutel die Pollenkörner enthalten sind.

Staude: ausdauernde, krautige Pflanze.

Steinfrucht: fleischige Frucht, deren Same/n aber (im Unterschied zur Beere) von einer Steinschale umschlossen ist.

Taxonomie: Systematik der Pflanzen entsprechend den Erkenntnissen der Verwandtschaftsforschung.

Traube: einfacher Blütenstand mit gestielten Einzelblüten in den Achseln von Hochblättern (= Brakteen).

Trichterrispe (Spirre): Rispe, bei der die basalen Seitenäste so stark verlängert sind, dass die Blüten in ihrer Gesamtheit trichterförmig angeordnet sind.

Vegetation: Gesamtheit der Pflanzengesellschaften eines Gebiets.

Vegetativ: ungeschlechtliche Vermehrung (z. B. durch Erneuerungstriebe, Ausläufer oder Brutknöllchen).

Wimpernhaar: randständiges Haar (bewimpert: mit randständigen Haaren versehen).

xerophil: trockenheitsliebend („xeros" = trocken).

Zapfen: Ähre oder Scheinähre, deren Achse sich nach dem Verblühen vergrößert und verholzt.

zweihäusig: männliche und weibliche Blüten sind auf zwei verschiedene Individuen einer Pflanzenart verteilt.

Zwergstrauch: vollständig verholzter Strauch, meist nicht höher als 50 cm. Knospen im Winter durch Schnee geschützt.

Abkürzungen

agg.: „Aggregat": Artengruppe

i. e. S. (= s. str.): in einem engeren Sinn

i. w. S.: in einem weiteren Sinn

s. lat., s.l. : sensu lato = in einem weiteren Sinn

subsp.: subspecies = Unterart

Syn.: Synonym = gleichbedeutender Name

sp.: species = Art, eine nicht näher bezeichnete Art

Wissenschaftliche Bezeichnungen der abgebildeten Pflanzen

Wissenschaftliche Bezeichnung	Deutscher Name	Seite
Achillea clavennae	Steinraute, Bittere Schafgarbe, Weißer Speik	102
Achillea moschata	Moschus-Schafgarbe	156
Aconitum tauricum (= A. napellus subsp. tauricum)	Tauern-Eisenhut	71
Aconitum vulparia agg. (= *A. lycoctonum* agg.)	Wolfs-Eisenhut, Gelber Eisenhut	57
Adenostyles alliariae	Grau-Alpendost	22
Agrostis agrostiflora (= A. schraderiana)	Schilf-Straußgras	123
Ajuga pyramidalis	Pyramiden-Günsel	112
Alchemilla spp.	Frauenmantel	69
Alectoria ochroleuca	Windbartflechte	63
Allium victorialis	Allermannsharnisch	91
Alnus alnobetula (= A. viridis)	Grün-Erle	52
Alnus incana	Grau-Erle	12
Androsace alpina	Alpen-Mannsschild	165
Anthyllis vulneraria subsp. alpestris	Alpen-Wundklee	98
Arabis caerulea	Blaue Gänsekresse	173
Arctostaphylos alpina	Alpen-Bärentraube	47
Arnica montana	Arnika, Berg-Wohlverleih	109
Artemisia mutellina (= A. umbelliformis)	Echt-Edelraute	168
Aruncus dioicus	Wald-Geißbart	23
Aster alpinus	Alpen-Aster	104
Astragalus frigidus	Kälte-Tragant, Eis-Tragant, Gratlinse	105
Atocion rupestre (= Silene rupestris)	Felsenleimkraut	118
Avenella flexuosa (= Deschampsia flexuosa)	Drahtschmiele	30
Bartsia alpina	Alpenhelm	105
Biscutella laevigata	Brillenschötchen	99
Bistorta vivipara = Persicaria vivipara	Knöllchen-Knöterich, Lebendgebärender Knöterich	80
Botrychium lunaria	Mondraute	110
Braya alpina	Alpen-Breitschote	174
Calluna vulgaris	Besenheide	47
Calycocorsus capitatus (= Willemetia capitata)	Kronlattich, Kronenlattich	144
Campanula barbata	Bart-Glockenblume	114

Wissenschaftliche Bezeichnung	Deutscher Name	Seite
Campanula cochleariifolia	Zwerg-Glockenblume	16
Campanula scheuchzeri	Scheuchzer-Glockenblume	81
Carduus defloratus	Berg-Ringdistel	86
Carex atrata	Trauer-Segge	137
Carex bicolor	Zweifarben-Segge	151
Carex curvula	Krumm-Segge	124
Carex davalliana	Davall-Segge	145
Carex echinata	Igel-Segge, Stern-Segge	143
Carex ferruginea	Rost-Segge	90
Carex rostrata	Schnabel-Segge	142
Carex sempervirens	Horst-Segge	98
Carlina acaulis	Silberdistel, Wetterdistel	108
Centaurea pseudophrygia	Perücken-Flockenblume	121
Cerastium uniflorum	Einblüten-Hornkraut	155
Cetraria islandica	Islandflechte (= „Isländisches Moos")	62
Chaerophyllum villarsii	Alpen-Kälberkropf	55
Chenopodium bonus-henricus	Guter Heinrich	70
Cicerbita alpina = *Lactuca alpina*	Alpen-Milchlattich	23
Cirsium eriophorum	Woll-Kratzdistel	121
Cirsium oleraceum	Kohl-Kratzdistel, Kohldistel	74
Cirsium spinosissimum	Alpen-Kratzdistel, Vielstachel-Kratzdistel	70
Clematis alpina	Alpen-Waldrebe	40
Coeloglossum viride (= *Dactylorhiza viridis*)	Hohlzunge	110
Comastoma nanum (= *Gentianella nana*)	Zwerg-Haarschlund, Zwergenzian	165
Crepis aurea	Gold-Pippau	112
Crocus albiflorus	Frühlings-Krokus	74
Daphne mezereum	Echt-Seidelbast	50
Daphne striata	Kahles Steinröschen	46
Deschampsia cespitosa	Gewöhnliche Rasenschmiele	54
Deschampsia flexuosa = *Avenella flexuosa*	Drahtschmiele	30
Dianthus barbatus	Bart-Nelke	87
Dianthus glacialis	Gletscher-Nelke	135
Dianthus superbus subsp. alpestris	Alpen-Pracht-Nelke	87
Diphasiastrum alpinum (= *Lycopodium alpinum*)	Alpen-Bärlapp, Alpen-Flachbärlapp	65
Doronicum austriacum	Österreich-Gämswurz	29
Doronicum clusii	Clusius-Gämswurz	158

Wissenschaftliche Bezeichnung	Deutscher Name	Seite
Rhinanthus glacialis (= Rhinanthus aristatus)	Grannen-Klappertopf	83
Rhododendron ferrugineum	Rost-Alpenrose	44
Rhododendron hirsutum	Wimper-Alpenrose	44
Rhythidiadelphus triquetrus	Großes Kranzmoos, „Runzelbruder“	41
Rumex alpinus	Alpen-Ampfer	68
Salix helvetica	Schweizer Weide	50
Salix herbacea	Kraut-Weide, Zwerg-Weide	160
Salix serpillifolia	Quendel-Weide	161
Salix waldsteiniana	Bäumchen-Weide	57
Salvia glutinosa	Kleb-Salbei	14
Saponaria pumila	Zwerg-Seifenkraut	127
Saussurea alpina	Echt-Alpenscharte, Gewöhnl. Alpenscharte	136
Saxifraga aizoides	Bach-Steinbrech	150
Saxifraga biflora	Zweiblüten-Steinbrech	155
Saxifraga bryoides	Moos-Steinbrech	169
Saxifraga caesia	Blaugrün-Steinbrech	168
Saxifraga moschata	Moschus-Steinbrech	167
Saxifraga oppositifolia	Gegenblatt-Steinbrech	158
Saxifraga paniculata (= S. aizoon)	Trauben-Steinbrech	167
Saxifraga rotundifolia	Rundblatt-Steinbrech	24
Saxifraga rudolphiana	Rudolphi-Steinbrech	173
Saxifraga stellaris	Stern-Steinbrech	150
Sedum annuum	Einjahrs-Mauerpfeffer	123
Sempervivum montanum	Berg-Hauswurz	120
Senecio incanus subsp. carniolicus (= S. carniolicus)	Krain-Greiskraut	128
Senecio ovatus (= S. fuchsii)	Fuchs-Greiskraut	25
Sesleria caerulea (= S. albicans = S. varia)	Kalk-Blaugras	99
Silene acaulis	Stängellos-Leimkraut	164
Silene rupestris = Atocion rupestre	Felsenleimkraut	118
Silene vulgaris (= S. inflata)	Blasen-Leimkraut, „Klatschnelke“	119
Soldanella pusilla subsp. alpicola (= S. alpicola)	Zwerg-Soldanelle	159
Sorbus aucuparia	Eberesche, Vogelbeerbaum	40
Stachys sylvatica	Wald-Ziest	15
Stellaria nemorum	Hain-Sternmiere	58
Swertia perennis	Sumpfenzian, Tarant	146

Deutsche Namen der abgebildeten Pflanzen

Deutscher Name	Wissenschaftliche Bezeichnung	Seite
Nelke, Alpen-Pracht-	*Dianthus superbus subsp. alpestris*	87
Nelke, Bart-	*Dianthus barbatus*	87
Nelke, Gletscher-	*Dianthus glacialis*	135
Nelkenwurz, Berg-,	*Geum montanum*	83
Nelkenwurz, Kriech-	*Geum reptans*	157
Pestwurz, Weiße	*Petasites albus*	14
„Petersbart"	*Geum montanum und G. reptans*	83, 157
Pippau, Gold-	*Crepis aurea*	112
Platterbse, Wiesen-	*Lathyrus pratensis*	75
Preiselbeere	*Vaccinium vitis-idaea*	37
Primel, Kleb-	*Primula glutinosa*	129
Primel, Mehl-	*Primula farinosa*	144
Primel, Zwerg-	*Primula minima*	166
Rasenschmiele	*Deschampsia cespitosa*	54
Rauschbeere, Alpen-	*Vaccinium gaultherioides (= V. uliginosum subsp. g.)*	37
Ringdistel, Berg-	*Carduus defloratus*	86
Rispengras, Alpen-Rispe	*Poa alpina*	80
Rührmichnichtan	*Impatiens noli-tangere*	15
„Runzelbruder"	*Rhythidiadelphus triquetrus*	41
Salbei, Kleb-,	*Salvia glutinosa*	14
Säuerling	*Oxyria digyna*	161
Schafgarbe, Moschus-	*Achillea moschata*	156
Schafgarbe, Bittere	*Achillea clavennae*	102
Schillergras, Wiesen-	*Koeleria pyramidata*	94
Schneeheide, Erika	*Erica carnea (= E. herbacea)*	51
Schwarzbeere	*Vaccinium myrtillus*	39
Schwingel, Furchen-	*Festuca rupicola (= F. sulcata)*	94
Schwingel, Gold-	*Festuca paniculata*	86
Sebenstrauch	*Juniperus sabina*	45
Segge, Davall-	*Carex davalliana*	145
Segge, Horst-	*Carex sempervirens*	98
Segge, Igel-, Stern-	*Carex echinata*	143
Segge, Rost-	*Carex ferruginea*	90
Segge, Schnabel-	*Carex rostrata*	142
Segge, Trauer-	*Carex atrata*	137
Segge, Zweifarben	*Carex bicolor*	151

Ausgewählte Literatur

AESCHIMANN D., LAUBER K., MOSER D. M. & THEURILLAT J.-P. (2004): Flora alpina. – Ein Atlas sämtlicher 4500 Gefäßpflanzen der Alpen. Haupt Verlag, Bern-Stuttgart-Wien.

AICHELE D. & SCHWEGLER H. (1977): Blumen der Alpen und der nordischen Länder. Franck'sche Verlagsbuchhandlung, Stuttgart.

ANGERER O. & MUER Th. (2004): Alpenpflanzen. Mit Beiträgen von G. GOTTSCHLICH (Hieracium), G. H. LOOS (Einleitung), W. WUCHERPFENNIG (Orchideen). – Stuttgart: E. Ulmer. 447 S., 815 Farbfotos.

DANESCH E. & O. (1981): Faszinierende Welt der Alpenblumen. Ringier Verlag, Zürich-München. ELLMAUER T., TRAXLER A. & RANNER A. (1999): Nationale Bewertung des österreichischen Natura 2000 Netzwerkes. Umweltbundesamt GmbH, Wien.

FISCHER M. A., OSWALD K. & ADLER W. (2008): Exkursionsflora für Österreich, Liechtenstein und Südtirol. 3. Aufl. – Linz: Biologiezentrum der Oberösterreichischen Landesmuseen. 1392 S.

GREY-WILSON Ch. (1978): Bergblumenbuch. Paul Parey, Berlin-Hamburg.

HARTL H., KNIELY G., LEUTE G. H., NIKLFELD H. & PERKO M. (1992): Verbreitungsatlas der Farn- und Blütenpflanzen Kärntens. – Klagenfurt: Naturwiss. Verein f. Kärnten. 451 S.

HEGI G., MERXMÜLLER H. & REISIGL H. (1977): Alpenflora. Paul Parey, Berlin–Hamburg.

KOHLHAUPT P., GAMS H. & PITSCHMANN H. (1963): Alpenblumen, farbige Wunder. 2 Bde., Belser Verlag, Stuttgart.

LANDOLT E. (1992): Unsere Alpenflora. 6. Auflage, Gustav Fischer, Stuttgart, Jena.

LIPPERT W. (1981): Fotoatlas der Alpenblumen. Gräfe und Unzer Verlag, München.

OZENDA P. (1987): Die Vegetation der Alpen im europäischen Gebirgsraum. Gustav Fischer, Stuttgart-New York.

RABITSCH W. & ESSL F. (Eds.) (2009): Endemiten. Kostbarkeiten in Österreichs Pflanzen- und Tierwelt; pp. 64–267. – Klagenfurt: Naturwiss. Verein für Kärnten; & Wien: Umweltbundesamt GmbH. – 924 S. (Die Gefäßpflanzen sind von M. STAUDINGER, O. STÖHR, F. ESSL, L. SCHRATT-EHRENDORFER, H. NIKLFELD & W. GUTERMANN bearbeitet.)

REISIGL H. (1978): Blumenwelt der Alpen. Pinguin Verlag, Innsbruck.

REISIGL H. & KELLER R. (1987): Alpenpflanzen im Lebensraum. Alpine Rasen, Schutt- und Felsvegetation. Gustav Fischer, Stuttgart-New York.

REISIGL H. & KELLER R. (1989): Lebensraum Bergwald. Alpenpflanzen in Bergwald, Baumgrenze und Zwergstrauchheide. Gustav Fischer, Stuttgart-New York.

SCHIECHTL H. M. & STERN R. (1985): Die aktuelle Vegetation der Hohen Tauern. Matrei in Osttirol, Großglockner. Vegetationskarten 1:25.000 mit Erklärungen. Universitätsverlag Wagner, Innsbruck.

SCHMEIL-FITSCHEN (2003): Flora von Deutschland und angrenzender Länder. 92. Auflage, Quelle & Meyer, Wiebelsheim.

STEYRER H., HEJL E., IBETSBERGER H. & SCHROTT L. (Hrsg.) (2011): Hohe Tauern. Naturkundliche Exkursionen. Natur- und Kulturerlebnisführer der Universität Salzburg, Bd. 2. – München. 160 S.

STÜBER E. & WINDING N. (1992–2005): Erlebnis Nationalpark Hohe Tauern. Naturführer und Programmvorschläge für Schullandwochen und Ökowochen im Nationalpark Hohe Tauern. 3 Bände: Salzburg 2. Auflage 1992, Nationalparkverwaltung Neukirchen; Kärnten 3. Auflage 2005, Nationalparkverwaltung Großkirchheim; Tirol 2. Auflage 2003, Nationalparkverwaltung Matrei.

VITEK E., MRKVICKA A. CH., HORAK E., DROZDOWSKI I., ADLER W. & WIMMER B., 2007: Die Pflanzenwelt der österreichischen Alpen. – Wien: Verlag des Naturhistorischen Museums Wien. – 350 S., 605 Farbfotos.

WITTMANN H., SIEBENBRUNNER A., PILSL P. & HEISELMAYER P. (1987): Verbreitungsatlas der Salzburger Gefäßpflanzen. – Sauteria (Salzburg) 2. 403 S.

In der Reihe Wissenschaftliche Schriften NATIONALPARK HOHE TAUERN sind weiters lieferbar:

FÜREDER L. (2007): Gewässer. Hrsg. Nationalparkrat Hohe Tauern, Matrei in Osttirol. Verlag Tyolia, Innsbruck-Wien.

HUEMER P. & WIESER C. (2008): Schmetterlinge. Hrsg. Nationalparkrat Hohe Tauern, Matrei in Osttirol. Verlag Tyolia, Innsbruck-Wien.

JUNGMEIER M. & DRAPELA J. et al. (2004): Almen im Nationalpark Hohe Tauern. Natur, Kultur und Nutzungen. Hrsg. Nationalparkrat Hohe Tauern, Matrei in Osttirol. Verlag Carinthia, Klagenfurt.

KRAINER K. (2005): Die Geologie der Hohen Tauern. Hrsg. Nationalparkrat Hohe Tauern, Matrei in Osttirol. Verlag Carinthia, Klagenfurt.

STÜBER E. & WINDING N. (2005): Die Tierwelt der Hohen Tauern – Wirbeltiere. Universitätsverlag Carinthia, Klagenfurt. 3. Auflage. (nachgeführter Nachdruck).

Naturführer des Österreichischen Naturschutzbundes

Österreichischer Naturschutzbund (1988): „Rauriser Urwald". Salzburg: 54 S.

Österreichischer Naturschutzbund (1991): Naturführer Inneres Fuschertal in der Glocknergruppe. Salzburg: 60 S.

OeAV-Reihe „Naturkundliche Führer zum Nationalpark Hohe Tauern"

Nr. 1: Gletscherweg Innergschlöß
Matrei i. Osttirol, 2. Auflage, 2006, 144 S.

Nr. 2: Gletscherweg Pasterze
Heiligenblut, 2004, 124 S.

Nr. 3: Wasserfallweg Krimmler Wasserfälle
Krimml, 2. Auflage, 2012, 56 S.

Nr. 3a: Wasserfallweg Krimmler Wasserfälle
(französisch) Krimml, 1985, 56 S.

Nr. 4: Gletscherweg Obersulzbachtal
Neukirchen am Großvenediger, 1986, 80 S.

Nr. 5: Alpenblumen- und Panoramaweg Oberseite
St. Jakob im Defereggen, 2. Auflage, 2011, 76 S.

Nr. 6: Wasserschaupfad Umbalfälle
Prägraten am Großvenediger, 2. Auflage, 2012, 63 S.

Nr. 7: Naturführer Seebachtal
Mallnitz, 1990, 60 S.

Nr. 8: Familienwanderweg Winklerner Alm
Winklern, 1990, 48 S.

Nr. 9: Kulturwanderweg Kals
Kals am Großglockner, 1992, 84 S.

Nr. 10: Geolehrpfad Knappenweg Untersulzbachtal
Neukirchen am Großvenediger, 2. Auflage, 2007, 149 S.

Nr. 11: Kindernaturführer Seebachtal
Mallnitz, 1993, 28 S.

Nr. 12: Geolehrpfad Habachtal
Bramberg, 1994, 81 S.

Nr. 13: Naturführer Asten
Mörtschach, 1994, 64 S.

Nr. 14: Kulturwanderweg Römerstraßen
Badgastein – Mallnitz, 1995, 64 S.

Nr. 15: Naturführer Wassererlebnisweg
St. Jakob in Defereggen, 1997, 98 S.

Nr. 16: Naturführer Gradental
Großkirchheim, 1998, 88 S.

Nr. 17: Naturlehrweg Malteiner Wasserspiele
Malta, 2000, 96 S.

Nr. 18: Geo-Trail Tauernfenster
Heiligenblut, 2000, 84 S.

Nr. 19: Naturführer Elendtäler
Malta, 2003, 103 S.

Nr. 20: Geomorphologischer Lehrpfad Glorer Hütte
Kals a. Gr., 2004, 112 S.

Nr. 21: Blockgletscherweg Dösental,
Mallnitz, 2009, 124 S.

Bildnachweis

S. 36 (Zirbenstube): NPHT/K. Steiner
S. 59 (Meisterwurz): W. Franz
S. 93 (Trockenrasen): W. Franz
S. 175 (Sandersee): NPHT/K. Popp
S. 178 (Dösener See): NPHT/K. Aichhorn
S. 182 (Vordermoos): NPHT/F. Rieder
S. 183 (Rauriser Urwald): NPHT/F. Rieder
S. 184 (Innergschlöß): NPHT/M. Kurzthaler
S. 184 (Umbaltal): NPHT/M. Kurzthaler
S. 208 (M.A.F.): G. Peisteiner

Die übrigen Bilder stammen von den Autoren Hartl & Peer

Dr. Helmut Hartl

wurde am 1. September 1941 in Olmütz (ehemals Protektorat) geboren. Nach dem Besuch des Realgymnasiums in Klagenfurt studierte er die Fächer Biologie und Mathematik in Wien (Lehramt) und promovierte zusätzlich in den Fächern Botanik und Geologie. Seit dem Jahre 1963 unterrichtete er obige Fächer am 1. Bundesgymnasium in Klagenfurt, seit 1970 nur mehr Biologie an der Pädagogischen Akademie. 1971 erhielt er die Lehrbefugnis für Systematische Botanik und Geobotanik an der Universität Salzburg, 1981 wurde er zum Außerordentlichen Universitätsprofessor ernannt. Seine Forschungsarbeiten und Vorlesungen befassen sich einerseits mit vegetationskundlichen und arealgeografischen Themen, andererseits mit Heilpflanzen. Er war viele Jahre Naturschutzreferent des Österreichischen Alpenvereins und Mitglied des Naturschutzbeirates und ist derzeit Vertreter der Kärntner Landesregierung im Nationalpark-Kuratorium und Komitee des Nationalparkes Hohe Tauern/Kärnten. Von 1978 bis 2014 hat er die Fachgruppe Botanik des Naturwissenschaftlichen Vereines für Kärnten geleitet.

Dr. Thomas Peer

wurde am 26. Mai 1948 in Bozen geboren. Nach dem Besuch des Realgymnasiums in Brixen studierte er die Fächer Botanik, Geographie und Geologie in Wien und Salzburg. Er promovierte im Jahr 1973 zum Dr. phil. und ist seit 1973 Universitätsassistent am Institut für Botanik der Paris-Lodron-Universität Salzburg. Im Jahre 1981 erhielt er die Lehrbefugnis für Geobotanik einschließlich Bodenökologie und im Jahre 1994 den Amtstitel „Außerordentlicher Universitätsprofessor". Von 2000 bis 2004 leitete er als Vorstand das Institut für Botanik, das im Jahre 2004 als Arbeitsgruppe für Ökologie und Diversität der Pflanzen dem Fachbereich Organismische Biologie zugeordnet wurde. In der Lehre vertritt er die Fächer Ökologie, Vegetationskunde und Bodenkunde mit zahlreichen Exkursionen ins In- und Ausland. Seine Forschungsarbeiten befassen sich mit der Soziologie und Ökologie der Flaumeichen- und Rotföhrenwälder in Südtirol, mit aktivem Umweltmonitoring, mit der Schwermetallbelastung von Böden und Hochmooren sowie mit der Vegetationsstruktur der Hochgebirgssteppen im Hindukush und Karakorum. In diesem Zusammenhang führte er mehrere Forschungsreisen nach N-Pakistan durch. Die Ergebnisse sind in zahlreichen nationalen und internationalen Journals publiziert. Er ist außerdem Autor der Bücher über die Pflanzenwelt Südtirols und die Pflanzenwelt des Nationalparks Berchtesgaden.

Dr. Manfred A. Fischer

geboren 1942, Studium an der Universität Wien (Biologie, Erdwissenschaften, Lehramt Biologie und Philosophie). Parlamentsstenograf. Promotion (Dr. phil.) 1968; Forschung und Lehre an der Universität Wien: Biosystematik und Taxonomie, Evolution der Angiospermen; Gefäßpflanzen-Floristik (d. i. nicht Blumenhandel) Österreichs und der restlichen Welt; Pflanzenmorphologie und Vegetationsökologie. Habilitation (Universität Wien) 1981 (Systematische Botanik), seit 1987 Ao. Universitätsprofessor ebenda. Herausgeber und Mitautor der „Exkursionsflora von Österreich, Liechtenstein und Südtirol" (1994, 2006, 2008) und der taxonomisch-floristischen Zeitschrift „Neilreichia" (seit 2001, Vorläuferzeitschrift ab 1994). Taxonomische Bearbeitung der Gattung Veronica in mehreren Florenwerken; Leiter des Forschungsprojekts „Flora von Österreich" und Initiator und später Präsident des Vereins zur Erforschung der Flora Österreichs. Arbeiten auch über wissenschaftliche und deutsche Pflanzennamen. Leiter zahlreicher botanischer Exkursionen und Mitarbeit an populärwissenschaftlichen Büchern über die Natur Österreichs. Seit 2007 im sog. Ruhestand. Wichtige Anliegen sind ihm seit seiner Jugend auch Naturschutz und Volksbildung; er ist ständig bemüht, die Kenntnis der heimischen Wildflora zu verbessern.